宝石学基础
实习指导书

BAOSHIXUE JICHU SHIXI ZHIDAOSHU

陈 涛　王朝文　艾 昊　主编

图书在版编目(CIP)数据

宝石学基础实习指导书/陈涛,王朝文,艾昊主编. —武汉:中国地质大学出版社,2024.12.(中国地质大学(武汉)实验教学系列教材). —ISBN 978-7-5625-6073-9

Ⅰ.P578-45

中国国家版本馆 CIP 数据核字第 20244LY593 号

宝石学基础实习指导书	陈　涛　王朝文　艾昊 主编
责任编辑:彭　琳　　　　　　选题策划:江广长　王凤林	责任校对:徐蕾蕾
出版发行:中国地质大学出版社(武汉市洪山区鲁磨路388号)	邮政编码:430074
电　　话:(027)67883511　　　传　真:(027)67883580	E-mail:cbb@cug.edu.cn
经　　销:全国新华书店	http://cugp.cug.edu.cn
开本:787mm×1092mm 1/16	字数:173 千字　　印张:6.75
版次:2024 年 12 月第 1 版	印次:2024 年 12 月第 1 次印刷
印刷:湖北睿智印务有限公司	
ISBN 978-7-5625-6073-9	定价:35.00 元

如有印装质量问题请与印刷厂联系调换

前　言

《宝石学基础实习指导书》是湖北省一流本科课程"宝石学 B"的实验课程指导书。"宝石学 B"是国家级一流本科专业"宝石及材料工艺学"的第一门专业基础课,于 2021 年获批省级一流本科课程。在开设该课程之前,学生还没有学习宝石鉴定仪器的相关知识。因此,本课程的教学目标是教会学生凭借肉眼及在 10 倍放大镜下观察单晶宝石和多晶宝石,认识这些宝石的结晶习性、表面和内部结构特征、光学性质、力学性质和其他物理性质,如颜色及其分布特征、光泽强弱、粒状结构粗细程度等,从而对宝石的各个品种建立理论和实际的感知。

国内外已有的实习教材主要是针对具有宝石学常规鉴定仪器使用基础或者使用能力的学生而编制的。学生可以通过使用各种鉴定仪器来获取宝石的力学性质和光学性质常数,并以此鉴定宝石。因此,已有的宝石学实习教材均不适合本课程的教学。从历史上看,人类最早认识和鉴别过的宝石为其原石,最早采用的鉴定方法就是肉眼鉴定。肉眼鉴定是指主要和直接运用人的眼睛,并借助于若干简易的工具和设备,对宝石进行鉴定的一类方法。它是一切宝石鉴定的基础,十分重要。

笔者主要根据中国地质大学(武汉)珠宝学院宝石及材料工艺学专业的专业课程"宝石学 B"的教学要求和教学安排编写实习教材。笔者将引导学生观察宝石的原石、琢型宝石和成品雕件等的肉眼识别特征,让学生掌握宝石的表面特征和内部特征,从而应用已学的宝石物理性质、化学性质的理论知识,采用肉眼鉴定的方法来认识宝石。

全书分为 4 章。第 1 章介绍了基础宝石学特征,主要对原石外观形态,表面和内部特征,光学性质、力学性质及其他物理性质和宝石加工等实习内容进行讲解。第 2 章详细介绍了常见单晶宝石,主要针对具体的单晶宝石的基础宝石学特征的实习内容和要求进行讲解。第 3 章详细介绍了常见多晶宝石,主要针对多晶宝石(含非晶质宝石)的基础宝石学特征的实习内容和要求进行讲解。第 4 章详细介绍了常见有机宝石(实习四),主要针对有机宝石的基础宝石学特征的实习内容和要求进行讲解。

  本书内容简洁、精练,作为配套教材,与主课程的内容有较强的衔接性。笔者在书中设置了统一的教学内容,具体为实习目的、实习内容、实习重难点、所需仪器、课程任务等,并根据每一节的具体内容设计思考题,让学生在思考中反复复盘课程内容,最终在实习记录中反馈学习效果。

编 者

2024 年 9 月

目　录

第 1 章　基础宝石学特征 …………………………………………………（1）
1.1　宝石的外观形态和结晶习性 ……………………………………（1）
1.2　宝石的表面和内部特征 ……………………………………………（3）
1.3　宝石的光学性质 ……………………………………………………（5）
1.4　宝石的力学性质及其他物理性质 …………………………………（7）
1.5　宝石的加工 …………………………………………………………（9）

第 2 章　常见单晶宝石 ………………………………………………（11）
2.1　红宝石和蓝宝石 ……………………………………………………（11）
2.2　绿柱石 ………………………………………………………………（14）
2.3　金绿宝石 ……………………………………………………………（16）
2.4　长　石 ………………………………………………………………（18）
2.5　单晶石英 ……………………………………………………………（20）
2.6　托帕石 ………………………………………………………………（22）
2.7　碧　玺 ………………………………………………………………（24）
2.8　橄榄石 ………………………………………………………………（26）
2.9　尖晶石 ………………………………………………………………（28）
2.10　石榴石 ………………………………………………………………（30）
2.11　锆　石 ………………………………………………………………（32）

第 3 章　常见多晶宝石 ………………………………………………（34）
3.1　欧泊（非晶宝石）……………………………………………………（34）
3.2　翡　翠 ………………………………………………………………（36）
3.3　软　玉 ………………………………………………………………（38）

 3.4　独山玉 ……………………………………………………………… (40)

 3.5　绿松石 ……………………………………………………………… (42)

 3.6　青金石 ……………………………………………………………… (44)

 3.7　蛇纹石玉 …………………………………………………………… (46)

 3.8　石英质玉 …………………………………………………………… (48)

 3.9　孔雀石 ……………………………………………………………… (50)

第4章　常见有机宝石 …………………………………………………… (52)

 4.1　珍　珠 ……………………………………………………………… (52)

 4.2　珊　瑚 ……………………………………………………………… (54)

 4.3　琥珀和蜜蜡 ………………………………………………………… (56)

 4.4　煤　精 ……………………………………………………………… (58)

 4.5　象牙和猛犸象牙 …………………………………………………… (60)

 4.6　龟甲、骨质材料及贝壳 …………………………………………… (62)

附录 ……………………………………………………………………… (64)

 附录1　单晶宝石的宝石学性质汇总 ………………………………… (64)

 附录2　有机宝石的宝石学性质汇总 ………………………………… (86)

 附录3　多晶宝石(非晶宝石)的宝石学性质汇总 …………………… (92)

第1章 基础宝石学特征

1.1 宝石的外观形态和结晶习性

实习目的：

1. 结合结晶学和矿物学基础知识，理解宝石的自然特性，掌握常见宝石原石的外观特征和结晶习性，了解这些特性与宝石的结晶学特性和矿物形成环境的联系。

2. 培养学生利用肉眼和10倍放大镜鉴定宝石的实际操作技能，提高学生对宝石学知识的应用能力。

实习内容：

1. 观察宝石的多面体外观特征，了解宝石结晶习性。

2. 描述宝石单体（一向延伸，呈柱状、针状、纤维状等；二向延展，呈板状、片状、鳞片状等；三向等长，呈等轴状或粒状等）、单体宝石的单形数和聚形特征并进行聚形分析。

3. 描述多晶宝石集合体的形态（显晶质集合体和隐晶质集合体）、结构和构造。

4. 记录观察结果，并撰写实习报告。

实习重点：

分析结晶形态较好宝石原石的晶型及其常见单形特征。

实习难点：

分析结晶形态较好宝石原石的聚形特征。

所需仪器：

10倍放大镜。

课堂任务：

挑选10～15颗晶型较好的原石样品，对其晶体形态、晶系、单形数和单形名称进行分析，思考所提问题，并在表中记录。

思考题：

1. 宝石的结晶习性如何影响其外观形态？
2. 哪些宝石标本具有较好的晶型？它们是由哪些单形组成的？
3. 绿松石是单体还是集合体，为什么？
4. 在孔雀石的横截面上可以看到很多放射状晶体，为什么会形成这样的晶体？

实习记录：

编号	宝石名称	单体/集合体	单体形态	晶系	单形数	单形名称

1.2 宝石的表面和内部特征

实习目的：

1. 结合结晶学和矿物学基础知识,掌握识别常见宝石原石的表面和内部特征的方法。
2. 培养学生的观察力和分析能力,为宝石鉴定和评估打下基础。

实习内容：

1. 观察宝石表面特征(晶面条纹、晶面台阶、生长丘、蚀像等)和内部特征(包裹体、色带、双晶纹、解理、裂隙、生长蚀像等),学习其基本概念和形成机制。
2. 观察典型单晶宝石、多晶宝石和有机宝石表面特征,如锆石的"纸蚀效应"、珍珠的等高线构造、独山玉的多彩颜色、翡翠的翠性等。
3. 使用10倍放大镜等工具观察不同宝石样品的表面特征和内部特征。
4. 记录观察结果,并撰写实习报告。

实习重点：

重点掌握晶体的表面特征,如晶面条纹、晶面台阶、生长丘、蚀像等,晶体内部特征,如包裹体、色带、双晶纹、解理、裂隙、生长蚀像等的识别特征。

实习难点：

1. 准确识别和区分晶面条纹和双晶纹。
2. 利用10倍放大镜观察宝石的内部包裹体和色带。

所需仪器：

10倍放大镜。

课堂任务：

挑选10~15颗晶型较好的原石样品,对原石的表面和内部特征进行描述,思考所提问题,并在表中记录。

思考题：

1. 晶面条纹和晶面台阶在形成机制上有何不同？它们如何影响宝石的外观和价值？
2. 生长丘和蚀像通常在哪些宝石中出现？它们对宝石的品质有何影响？
3. 包裹体在宝石内部特征中扮演什么角色？如何通过包裹体判断宝石的真伪？
4. 裂隙在宝石中的存在通常意味着什么？如何评估裂隙对宝石耐久性的影响？

实习记录：

编号	宝石名称	表面特征				内部特征				
		晶面条纹	晶面台阶	生长丘	蚀像	解理	包裹体	色带	双晶纹	裂隙	生长蚀像

1.3 宝石的光学性质

实习目的：
1. 理解宝石光学性质的基本概念及其对宝石外观的影响。
2. 学习利用宝石的光学性质进行宝石鉴定。
3. 培养学生的观察能力和分析能力，为宝石鉴定和评估打下基础。

实习内容：
1. 掌握宝石的光学性质，如颜色、光泽、亮度、透明度、发光性（短波和长波）、特殊光学性质（猫眼效应、星光效应、变色效应、变彩效应、砂金效应等）。
2. 通过肉眼和10倍放大镜观察和分析宝石的各种光学性质。
3. 撰写实习报告，总结观察结果并分析结论。

实习重点：
1. 重点识别和描述宝石的颜色、光泽、亮度、透明度。
2. 观察和识别宝石不同级别的光泽和透明度。

实习难点：
1. 通过紫外荧光灯识别典型宝石的发光性特征。
2. 识别典型样品的特殊光学性质。

所需仪器：
10倍放大镜、紫外荧光灯。

课堂任务：
挑选10～15颗晶型较好的宝石样品，对其光学性质进行描述，思考所提问题，并在表中记录。

思考题：
1. 宝石的颜色是如何形成的？它如何影响宝石的价值？
2. 光泽和亮度有什么区别？它们如何影响宝石的外观？
3. 透明度在宝石鉴定中扮演什么角色？如何通过透明度区分不同宝石？
4. 发光性在宝石中是如何表现的？它对宝石的价值有何影响？
5. 特殊光学性质（如猫眼效应、星光效应）是如何形成的？它们如何增强宝石的吸引力？

实习记录：

编号	宝石名称	光学性质					
		颜色	光泽	亮度	透明度	发光性	特殊光学效应	其他特征

1.4 宝石的力学性质及其他物理性质

实习目的：
1. 掌握宝石的力学性质及其他物理性质的基本概念和测量方法。
2. 学习利用宝石的物理性质进行宝石鉴定。
3. 培养学生的观察能力和分析能力，为宝石鉴定和评估打下基础。

实习内容：
1. 了解宝石的力学性质（断口、解理、裂理、硬度、挠性、弹性、脆性、塑性）和其他物理性质（密度和相对密度）的理论知识。
2. 通过肉眼和10倍放大镜观察宝石的力学性质（断口、解理、裂理、硬度、挠性、弹性、脆性、塑性）。
3. 使用对比法评估宝石硬度（指甲莫氏硬度约为2.5，小刀约为5.5），使用掂重法评估宝石相对密度。
4. 撰写实习报告，总结观察结果并分析结论。

实习重点：
1. 掌握宝石硬度的测量方法和断口、解理、裂理的观察技巧。
2. 将理论知识应用于实际宝石鉴定中，掌握粗略估计宝石硬度和密度的方法。

实习难点：
识别解理面和晶面的区别，解理和裂理的区别。

所需仪器：
10倍放大镜。

课堂任务：
挑选10～15颗晶型较好的宝石样品，对其力学性质及其他物理性质进行描述，思考所提问题，并在表中记录。

思考题：
1. 宝石的硬度如何影响其加工？
2. 宝石的密度和相对密度在宝石鉴定中扮演什么角色？
3. 在宝石学中如何区分解理和裂理？它们对宝石的利用有何影响？
4. 宝石的弹性和脆性如何决定其在加工中的琢型及注意事项？
5. 宝石的塑性在宝石加工中的重要性体现在哪些方面？

实习记录：

编号	宝石名称	断口	解理	裂理	力学性质 硬度	弹性/挠性	脆性/塑性	其他物理性质 相对密度

1.5 宝石的加工

实习目的：

1. 理解并掌握宝石加工的基本理论。
2. 评估宝石加工的切磨工艺，理解弧面型宝石和刻面型宝石加工的适用范围。
3. 学习不同刻面型宝石的切磨款式及其特点。

实习内容：

1. 观察不同琢型宝石，分析弧面型宝石和刻面型宝石的透明度、特殊光学效应和内含物特征与宝石加工工艺之间的联系。
2. 识别不同刻面型宝石款式，包括祖母绿型、梨型、混合琢型、圆多面型、玫瑰花琢型等。
3. 撰写实习报告，总结观察结果并分析结论。

实习重点：

1. 熟悉常见刻面型宝石的不同切磨款式。
2. 观察和评估宝石切割小面和表面抛光质量。
3. 分析不同款式宝石的加工特点，讨论不同加工特点对宝石美观度的影响。

实习难点：

1. 理解弧面型宝石和刻面型宝石的透明度、特殊光学效应和内含物特征与宝石加工工艺之间的联系。
2. 评估宝石加工工艺（切割和抛光）。

所需仪器：

10 倍放大镜。

课堂任务：

挑选 10～15 颗切割好的宝石样品，对其加工工艺进行描述，思考所提问题，并在表中记录。

思考题：

1. 宝石的光学特性如何影响其加工工艺的选择？
2. 在加工过程中，如何平衡宝石的美观度和材料利用率之间的关系？

3. 不同款式的刻面型宝石在加工时有哪些需特别注意的事项？
4. 请比较弧面型宝石和刻面型宝石加工工艺的异同。
5. 描述一种你最喜欢的刻面型宝石款式，并解释其加工难点及解决方案。
6. 讨论宝石加工中的可持续性问题，如材料来源和环境影响。

实习记录：

编号	宝石名称	切磨工艺	琢型	切工	抛光

第 2 章 常见单晶宝石

2.1 红宝石和蓝宝石

实习目的：

1. 结合红宝石和蓝宝石的结晶学性质、光学性质、力学性质，掌握它们呈现的肉眼观察特征。

2. 了解具有星光效应的红宝石和蓝宝石的内含物特征。

3. 熟记红宝石和蓝宝石的颜色、光泽、荧光和内含物特征。

4. 了解光泽与折射率、硬度、抛光情况之间的联系。

5. 了解掂重和比重之间的联系。

实习内容：

1. 对红宝石和蓝宝石的颜色、光泽、透明度、荧光、特殊光学效应、表面特征、内部特征（内含物）等进行观察、描述和记录。

2. 对内含物特征进行详细观察，如红宝石内含物的相态和形态特征，"百叶窗"状内含物与聚片双晶之间的关系，蓝宝石的色带或颜色分布特征等。

3. 对红宝石和蓝宝石进行掂重，选择其中 2 颗进行净水称重，获得相对密度。

实习重点：

1. 分析并熟记红宝石和蓝宝石的颜色特征，如色调、明度、彩度、均匀性、色形特征等。

2. 对比观察具有星光效应和无星光效应的红宝石中的针状包裹体分布特征，如针状包裹体的疏密程度、定向等。

3. 分析并熟记不同色调、明度和饱和度的天然红宝石和蓝宝石的荧光特征。

实习难点：

描述红宝石和蓝宝石的颜色和内含物特征。

所需仪器：

10 倍放大镜、紫外荧光灯、净水称重仪。

课堂任务：

观察 3~5 颗不同琢型的红宝石和蓝宝石，其中 1~2 颗需具有星光效应，对其宝石学特征进行描述，思考所提问题，并在表中记录。

思考题：

1. 红宝石的荧光强弱与红宝石颜色的色调、明度和饱和度之间有无关系？

2. 红宝石中针状包裹体的分布状态是否相同？（可对"针"的长短、疏密、交角、粗细及形态进行观察）。

3. 红宝石和蓝宝石的颜色分布是否均匀，有哪些形态？红宝石和蓝宝石的颜色成因是什么？

实习记录：

样品号	宝石名称	琢型	颜色	光泽	透明度	表面特征	内部特征	荧光	特殊光学效应	其他

2.2 绿柱石

实习目的：

1. 结合绿柱石族宝石（包括祖母绿和海蓝宝石等）的结晶学性质、光学性质、力学性质，掌握它们呈现的肉眼观察特征。
2. 熟记祖母绿和海蓝宝石的颜色、光泽和内含物特征。
3. 掌握不同品种绿柱石脆性与琢型之间的联系。
4. 了解海蓝宝石猫眼的内含物特征。
5. 了解光泽与折射率、硬度、抛光情况之间的联系。

实习内容：

1. 对绿柱石（如祖母绿和海蓝宝石）的颜色、光泽、透明度、荧光、特殊光学效应、表面特征、内部特征（内含物）等进行观察、描述和记录。
2. 对绿柱石进行掂重，选择其中2颗进行净水称重，获得相对密度。

实习重点：

1. 分析并熟记祖母绿的颜色特征，如色调、明度、彩度、均匀性、色形特征等。
2. 对比观察祖母绿和海蓝宝石的内含物特征，如包裹体相态种类、固相包裹体形态差别、海蓝宝石猫眼的内含物特征、裂隙等。

实习难点：

识别祖母绿的内含物特征。

所需仪器：

10倍放大镜、紫外荧光灯、净水称重仪。

课堂任务：

观察2～3颗不同琢型的祖母绿、2～3颗不同琢型的海蓝宝石和2～3颗不同琢型的其他绿柱石，对其宝石学特征进行描述，思考所提问题，并在表中记录。

思考题：

1. 祖母绿和海蓝宝石的内含物差异有哪些？
2. 祖母绿和海蓝宝石的琢型是否有差别？为什么？
3. 祖母绿和海蓝宝石的荧光特征分别是什么？造成两者荧光强度差别的原因是什么？
4. 不同颜色绿柱石的颜色成因是什么？

实习记录：

样品号	宝石名称	琢型	颜色	光泽	透明度	表面特征	内部特征	荧光	特殊光学效应	其他

2.3　金绿宝石

实习目的：
1. 结合金绿宝石的结晶学性质、光学性质、力学性质，掌握它们呈现的肉眼观察特征。
2. 了解金绿宝石颜色的种类和猫眼的内含物特征。
3. 了解变石在不同光源下的颜色特征。
4. 熟记金绿宝石的颜色、光泽、荧光和内含物特征。

实习内容：
1. 对金绿宝石的颜色、光泽、透明度、荧光、特殊光学效应、表面特征、内部特征（内含物）等进行观察、描述和记录。
2. 对金绿宝石进行掂重。
3. 绘制猫眼效应的原理图。

实习重点：
1. 分析并熟记金绿宝石的光泽和颜色。
2. 分析并熟记金绿宝石和猫眼的内含物特征。
3. 分析并熟记变石变色效应的观察方法和颜色特征。

实习难点：
识别猫眼的内含物特征并分析它们与猫眼效应之间的关系。

所需仪器：
10倍放大镜、紫外荧光灯、净水称重仪、日光灯、白炽灯。

课堂任务：
观察3~5颗不同琢型的金绿宝石，含变石和猫眼，对其宝石学特征进行描述，思考所提问题，并在表中记录。

思考题：
1. 金绿宝石形成强玻璃光泽的原因是什么？
2. 普通金绿宝石和变石的化学成分在微量元素上有什么差别？观察变石变色需要什么样的光源？
3. 能够引起猫眼效应的内含物种类包括哪些？猫眼的内含物和猫眼效应有什么关系（如定向、猫眼眼线清晰程度、眼线粗细之间的关系）？

第2章 常见单晶宝石

实习记录：

样品号	宝石名称	琢型	颜色	光泽	透明度	表面特征	内部特征	荧光	特殊光学效应	其他

2.4 长 石

实习目的：

1. 结合长石族宝石(包括月光石、日光石、天河石、拉长石)的结晶学性质、光学性质、力学性质，掌握它们呈现的肉眼观察特征。

2. 熟记月光石、日光石、天河石、拉长石的颜色、光泽、荧光和内含物特征。

3. 熟记月光石的月光效应、日光石的砂金效应和拉长石的晕彩效应的外观特征和形成机理。

实习内容：

1. 对长石族宝石(月光石、日光石、天河石、拉长石)的颜色、光泽、透明度、荧光、特殊光学效应、表面特征、内部特征(内含物)等进行观察、描述和记录。

2. 对长石族宝石进行掂重。

实习重点：

1. 分析并熟记月光石的月光效应、日光石的砂金效应和拉长石的晕彩效应的外观特征。

2. 分析并熟记月光石、日光石、天河石、拉长石的内含物特征。

3. 分析并熟记天河石的颜色特征。

实习难点：

1. 识别月光石的月光效应和拉长石的晕彩效应的外观特征。

2. 识别日光石的砂金效应中包裹体的形态特征。

3. 观察月光石中的"蜈蚣"状包裹体。

所需仪器：

10倍放大镜、紫外荧光灯、净水称重仪。

课堂任务：

各观察2颗不同琢型的月光石、日光石、天河石、拉长石，对其宝石学特征进行描述，思考所提问题，并在表中记录。

思考题：

1. 月光效应和晕彩效应的形成机理是什么？外观特征的差别是什么？

2. 月光石中的"蜈蚣"状包裹体的形成原因是什么？

3. 简述天河石的颜色特征及内部白色物质的分布形态。

第 2 章 常见单晶宝石

实习记录：

样品号	宝石名称	琢型	颜色	光泽	透明度	表面特征	内部特征	荧光	特殊光学效应	其他

2.5 单晶石英

实习目的：

1. 结合单晶石英的结晶学性质、光学性质、力学性质，掌握它们呈现的肉眼观察特征。

2. 熟记单晶石英的颜色、光泽和内含物特征。

3. 了解具有星光效应的石英的观察方法和内含物特征。

实习内容：

1. 对单晶石英的颜色、光泽、透明度、荧光、星光效应（含透射星光）、表面特征、内部特征（内含物）等进行观察、描述和记录。

2. 对单晶石英进行掂重，选择其中 2 颗进行净水称重，获得相对密度。

实习重点：

1. 分析并熟记单晶石英的颜色种类和特征。

2. 分析并识别单晶石英中的内含物特征，如水晶中的负晶、紫晶中的"斑马纹"。

3. 分析并识别单晶石英的贝壳状断口。

实习难点：

识别单晶石英中的内含物特征。

所需仪器：

10 倍放大镜、紫外荧光灯、净水称重仪。

课堂任务：

观察 3～5 颗不同琢型的单晶石英，其中 1～2 颗需要有星光效应，对其宝石学特征进行描述，思考所提问题，并在表中记录。

思考题：

1. 透射星光一般在什么类型的石英中可以观察到？其形成原因是什么？

2. 颜色不稳定的石英有哪些品种？

实习记录：

样品号	宝石名称	琢型	颜色	光泽	透明度	表面特征	内部特征	荧光	特殊光学效应	其他

2.6 托帕石

实习目的：

1. 结合托帕石的结晶学性质、光学性质、力学性质，掌握它们呈现的肉眼观察特征。

2. 熟记托帕石内含物种类及内部较为洁净的特征。

3. 熟记托帕石的颜色、光泽、荧光和内含物特征。

实习内容：

1. 对托帕石的颜色、光泽、透明度、荧光、特殊光学效应、表面特征、内部特征（内含物）等进行观察、描述和记录。

2. 对托帕石进行掂重。

实习重点：

分析并熟记托帕石的颜色和内含物特征。

实习难点：

1. 分析托帕石的内含物种类、数量。

2. 识别初始解理面的形态特征。

所需仪器：

10 倍放大镜、紫外荧光灯、净水称重仪。

课堂任务：

观察 2～3 颗不同琢型的托帕石，对其宝石学特征进行描述，思考所提问题，并在表中记录。

思考题：

1. 托帕石的特征包裹体有哪些？什么类型包裹体较为常见？

2. 托帕石的颜色有哪些？

第 2 章 常见单晶宝石

实习记录：

样品号	宝石名称	琢型	颜色	光泽	透明度	表面特征	内部特征	荧光	特殊光学效应	其他

2.7 碧 玺

实习目的：

1. 结合碧玺的结晶学性质、光学性质、力学性质，掌握它们呈现的肉眼观察特征。
2. 了解碧玺猫眼的内含物特征。
3. 熟记碧玺明显的多色性特征。
4. 熟记碧玺的颜色、光泽和内含物特征。

实习内容：

1. 对碧玺的颜色、光泽、透明度、荧光、特殊光学效应、表面特征、内部特征（内含物）等进行观察、描述和记录。
2. 对碧玺进行掂重。

实习重点：

1. 分析并熟记碧玺的颜色特征，如色调、明度、彩度、均匀性、色形特征等。
2. 观察碧玺的特征内含物及其种类、形态等。
3. 观察并熟记碧玺的多色性特征。

实习难点：

从不同方向观察碧玺的多色性。

所需仪器：

10倍放大镜、紫外荧光灯、净水称重仪。

课堂任务：

观察3～5颗不同琢型的碧玺，对其宝石学特征进行描述，思考所提问题，并在表中记录。

思考题：

1. 碧玺猫眼的眼线特征是什么？形成碧玺猫眼的内含物是什么？有什么特征？
2. 不同颜色碧玺的多色性明显程度是否一样？
3. 碧玺的颜色丰富，不同颜色碧玺的颜色成因是什么？

第 2 章 常见单晶宝石

实习记录：

样品号	宝石名称	琢型	颜色	光泽	透明度	表面特征	内部特征	荧光	特殊光学效应	其他

2.8 橄榄石

实习目的：
1. 结合橄榄石的结晶学性质、光学性质、力学性质，掌握它们呈现的肉眼观察特征。
2. 熟记橄榄石的颜色和光泽特征。
3. 熟记橄榄石的特征内含物及常见内含物。

实习内容：
1. 对橄榄石的颜色、光泽、透明度、荧光、特殊光学效应、表面特征、内部特征（内含物）等进行观察、描述和记录。
2. 对橄榄石进行掂重，选择其中 2 颗进行净水称重，获得相对密度。

实习重点：
1. 分析并熟记橄榄石的颜色特征，如色调、均匀性等。
2. 分析并熟记橄榄石的内含物类型和特征包裹体。

实习难点：
观察并识别橄榄石的"睡莲叶"状包裹体和刻面棱重影。

所需仪器：
10 倍放大镜、紫外荧光灯、净水称重仪。

课堂任务：
观察 2~3 颗不同琢型的橄榄石，对其宝石学特征进行描述，思考所提问题，并在表中记录。

思考题：
1. 橄榄石的特征包裹体是什么？由什么组成？
2. 橄榄石的颜色由什么元素形成？橄榄石颜色变化是否明显？

实习记录：

样品号	宝石名称	琢型	颜色	光泽	透明度	表面特征	内部特征	荧光	特殊光学效应	其他

2.9 尖晶石

实习目的：

1. 结合尖晶石的结晶学性质、光学性质、力学性质，掌握它们呈现的肉眼观察特征。
2. 了解尖晶石的颜色种类。
3. 熟记尖晶石的颜色、光泽、荧光和内含物特征。

实习内容：

1. 对尖晶石的颜色、光泽、透明度、荧光、特殊光学效应、表面特征、内部特征（内含物）等进行观察、描述和记录。
2. 对尖晶石进行掂重。

实习重点：

1. 分析并熟记尖晶石的颜色特征，如色调、明度、彩度、均匀性、色形特征等。
2. 观察尖晶石内含物的种类、形态和数量。
3. 分析并熟记不同色调和颜色浓度的尖晶石荧光特征。

实习难点：

识别尖晶石的内含物特征。

所需仪器：

10倍放大镜、紫外荧光灯、净水称重仪。

课堂任务：

观察3~5颗不同琢型的尖晶石，对其宝石学特征进行描述，思考所提问题，并在表中记录。

思考题：

1. 你所观察到的尖晶石中固相包裹体的颜色、形态、大小有什么特征？
2. 不同颜色的尖晶石的荧光强度是否一致？哪些颜色的尖晶石荧光强弱变化比较大？

实习记录：

样品号	宝石名称	琢型	颜色	光泽	透明度	表面特征	内部特征	荧光	特殊光学效应	其他

2.10 石榴石

实习目的：

1. 结合石榴石族宝石（镁铝榴石、铁铝榴石、锰铝榴石、钙铝榴石、钙铁榴石）的结晶学性质、光学性质、力学性质，掌握它们呈现的肉眼观察特征。

2. 了解具有星光效应和变色效应的石榴石品种。

3. 熟记不同石榴石族宝石各自的内含物特征。

4. 熟记不同石榴石族宝石各自的颜色特征。

实习内容：

1. 对镁铝榴石、铁铝榴石、锰铝榴石、钙铝榴石、钙铁榴石的颜色、光泽、透明度、荧光、特殊光学效应（镁铝榴石的变色效应和铁铝榴石的星光效应等）、表面特征、内部特征（内含物）等分别进行观察、描述和记录。

2. 对石榴石族宝石进行掂重。

实习重点：

1. 分析并熟记不同石榴石族宝石各自的颜色特征，如色调、明度、彩度、均匀性特征等。

2. 分析并识别不同石榴石族宝石的内含物特征，如钙铝榴石的热浪效应、翠榴石的颜色和特征包裹体（如俄罗斯乌拉尔产翠榴石具"马尾丝"状包裹体）、镁铝榴石的变色效应、铁铝榴石的星光效应及特征包裹体等。

实习难点：

识别镁铝榴石、铁铝榴石、锰铝榴石、钙铝榴石、钙铁榴石的内含物特征。

所需仪器：

10倍放大镜、紫外荧光灯、净水称重仪。

课堂任务：

观察5~8颗不同类型的石榴石族宝石（镁铝榴石、铁铝榴石、锰铝榴石、钙铝榴石、钙铁榴石），对其宝石学特征进行描述，思考所提问题，并在表中记录。

思考题：

1. 铁铝榴石的星光效应具有哪些类型的星线？结合晶形绘制不同星光效应的形成示意图。

2. 哪种石榴石宝石的光泽最强？为什么？

3. 类质同象替代对石榴石的宝石学性质有哪些影响？

实习记录：

样品号	宝石名称	琢型	颜色	光泽	透明度	表面特征	内部特征	荧光	特殊光学效应	其他

2.11 锆 石

实习目的：

1. 结合锆石的结晶学性质、光学性质、力学性质，掌握它们呈现的肉眼观察特征。
2. 熟记锆石的"纸蚀"现象。
3. 熟记锆石的颜色、光泽、荧光和内含物特征。

实习内容：

1. 对锆石的颜色、光泽、透明度、荧光、特殊光学效应、表面特征、内部特征（内含物）等进行观察、描述和记录。
2. 对锆石的刻面棱重影、"纸蚀"现象进行观察。
3. 对锆石进行掂重，选择其中 2 颗进行净水称重，获得相对密度。

实习重点：

观察锆石的光泽、相对密度、刻面棱重影和"纸蚀"现象。

实习难点：

对高型、中型、低型锆石进行肉眼区分。

所需仪器：

10 倍放大镜、紫外荧光灯、净水称重仪。

课堂任务：

观察 2~3 颗不同琢型的锆石，对其宝石学特征进行描述，思考所提问题，并在表中记录。

思考题：

1. 锆石为什么具有"纸蚀"现象？
2. 锆石的种类有哪些？我们看见的宝石标本属于什么类型？请详细分析分类原因。

实习记录：

样品号	宝石名称	琢型	颜色	光泽	透明度	表面特征	内部特征	荧光	特殊光学效应	其他

第 3 章 常见多晶宝石

3.1 欧泊(非晶宝石)

实习目的:
1. 结合欧泊的结晶学性质、光学性质、力学性质,掌握它们呈现的肉眼观察特征。
2. 熟记欧泊的变彩效应。
3. 熟记欧泊的光泽、荧光和光性特征。

实习内容:
1. 对欧泊的颜色、光泽、透明度、荧光、变彩效应、表面特征、内部特征(含杂质矿物)等进行观察、描述和记录。
2. 对欧泊进行掂重,选择其中 2 颗进行净水称重,获得相对密度。

实习重点:
1. 分析并熟记欧泊变彩效应展现的颜色、结构、形态等特征。
2. 分析并熟记欧泊的荧光颜色和强度。

实习难点:
识别天然欧泊变彩效应中的色块边界形态、丝绢光泽和定向性。

所需仪器:
10 倍放大镜、紫外荧光灯、净水称重仪。

课堂任务:
观察 3~5 颗不同体色的欧泊,对其宝石学特征进行描述,思考所提问题,并在表中记录。

思考题:
1. 天然欧泊变彩具有什么特征?
2. 请详细描述你所观察的欧泊的紫外荧光颜色和强弱。

实习记录：

样品号	宝石名称	琢型	颜色	光泽	透明度	表面特征	内部特征	荧光	特殊光学效应	其他

3.2 翡 翠

实习目的：
1. 结合翡翠的结构特征、光学性质、力学性质，掌握它们呈现的肉眼观察特征。
2. 熟记翡翠的颜色、光泽、粒度和结构特征。

实习内容：
1. 对翡翠的颜色、光泽、透明度、荧光、表面特征、粒度和结构特征、杂质矿物颜色和形态等进行观察、描述和记录。
2. 对翡翠进行掂重，选择其中2颗进行净水称重，获得相对密度。

实习重点：
1. 观察并分析翡翠的颜色（如色调、均匀性等）、光泽、透明度和荧光。
2. 分析并熟记翡翠的表面特征、粒度和结构特征。

实习难点：
识别翡翠的粒度和结构特征。

所需仪器：
10倍放大镜、紫外荧光灯、净水称重仪。

课堂任务：
观察5~6颗不同雕刻形态的翡翠，对其宝石学特征进行描述，思考所提问题，并在表中记录。

思考题：
1. 请详细描述翡翠的粒度和结构特征。
2. 什么是翡翠的翠性？其成因是什么？
3. 翡翠为什么会具有橘皮效应？

实习记录：

样品号	宝石名称	样品	颜色	光泽	透明度	表面特征	粒度和结构特征	杂质矿物颜色和形态	荧光	其他

3.3 软 玉

实习目的：

1. 结合软玉的结构特征、光学性质、力学性质，掌握它们呈现的肉眼观察特征。
2. 了解具猫眼效应软玉的结构特征。
3. 熟记软玉的颜色、光泽、粒度和结构特征。

实习内容：

1. 对软玉的颜色、光泽、透明度、荧光、猫眼效应、表面特征、粒度和结构特征、杂质矿物颜色和形态等进行观察、描述和记录。
2. 熟记具有猫眼效应软玉的纤维状结构特征。
3. 对软玉进行掂重，选择其中 2 颗进行净水称重，获得相对密度。

实习重点：

1. 观察并分析软玉的颜色（如色调、均匀性等）、光泽和透明度。
2. 分析并熟记软玉的表面特征、粒度和结构特征。

实习难点：

识别软玉的粒度和结构特征。

所需仪器：

10 倍放大镜、紫外荧光灯、净水称重仪。

课堂任务：

观察 5~6 颗不同雕刻形态的软玉，对其宝石学特征进行描述，思考所提问题，并在表中记录。

思考题：

1. 请详细描述软玉的粒度和结构特征。当具有猫眼效应时，其结构特征是什么？
2. 请详细描述软玉的抛光表面和破损处（断口）的表面特征。
3. 如何对软玉进行分类？不同类型的软玉颜色成因分别是什么？

实习记录：

样品号	宝石名称	样品	颜色	光泽	透明度	表面特征	粒度和结构特征	杂质矿物颜色和形态	特殊光学效应	荧光	其他

3.4 独山玉

实习目的：
1. 结合独山玉的结构特征、光学性质、力学性质，掌握它们呈现的肉眼观察特征。
2. 熟记独山玉的颜色、光泽、粒度和结构特征。

实习内容：
1. 对独山玉的颜色、光泽、透明度、荧光、表面特征、粒度和结构特征、杂质矿物颜色和形态等进行观察、描述和记录。
2. 对独山玉进行掂重。

实习重点：
1. 观察并分析独山玉的颜色（如颜色分布特征、均匀性等）、光泽和透明度。
2. 分析并熟记独山玉的表面特征、粒度和结构特征。

实习难点：
识别独山玉的粒度和结构特征。

所需仪器：
10倍放大镜、紫外荧光灯、净水称重仪。

课堂任务：
观察3~4颗不同颜色和雕刻形态的独山玉，对其宝石学特征进行描述，思考所提问题，并在表中记录。

思考题：
1. 独山玉的颜色有哪些？其中绿色独山玉的颜色特征是什么？
2. 独山玉的抛光表面和破损处（断口）的表面特征分别是什么？

第3章 常见多晶宝石

实习记录：

样品号	宝石名称	样品	颜色	光泽	透明度	表面特征	粒度和结构特征	杂质矿物颜色和形态	荧光	其他

3.5 绿松石

实习目的：

1. 结合绿松石的结构特征、光学性质、力学性质，掌握它们呈现的肉眼观察特征。
2. 熟记绿松石的颜色、光泽、粒度和结构特征。

实习内容：

1. 对绿松石的颜色、光泽、透明度、荧光、表面特征、杂质矿物颜色和形态等进行观察、描述和记录。
2. 对绿松石进行掂重。

实习重点：

1. 观察并分析绿松石的颜色（如色调、均匀性等）和光泽。
2. 分析并熟记绿松石的表面特征，以及杂质矿物颜色和形态。

实习难点：

识别绿松石的颜色以及杂质矿物颜色和形态。

所需仪器：

10倍放大镜、紫外荧光灯、净水称重仪。

课堂任务：

观察3～4颗不同雕刻形态的绿松石，对其宝石学特征进行描述，思考所提问题，并在表中记录。

思考题：

1. 请详细描述显微镜下绿松石的颜色和分布特征。
2. 绿松石的抛光表面和破损处（断口）的表面特征分别是什么？

实习记录：

样品号	宝石名称	样品	颜色	光泽	透明度	表面特征	杂质矿物颜色和形态	荧光	其他

3.6 青金石

实习目的：

1. 结合青金石的结构特征、光学性质、力学性质，掌握它们呈现的肉眼观察特征。
2. 熟记青金石的颜色、光泽、品种和结构特征。

实习内容：

1. 对青金石的颜色、光泽、透明度、荧光、表面特征、粒度和结构特征、杂质矿物颜色和形态等进行观察、描述和记录。
2. 对青金石进行掂重，选择其中2颗青金石进行净水称重，获得相对密度。

实习重点：

1. 观察并分析青金石的颜色（如色调、均匀性等）、光泽、杂质矿物颜色和形态。
2. 分析并熟记青金石的表面特征和结构特征。
3. 分析并熟记青金石的荧光特征。

实习难点：

识别青金石的结构特征和不同类型青金石的杂质矿物分布特征。

所需仪器：

10倍放大镜、紫外荧光灯、净水称重仪。

课堂任务：

观察2~3颗不同雕刻形态的青金石，对其宝石学特征进行描述，思考所提问题，并在表中记录。

思考题：

1. 青金石的种类有哪些？请简述不同种类的青金石的外观差别。
2. 青金石的荧光特征是什么？（可从颜色、强度、均匀性等方面进行思考）

第3章 常见多晶宝石

实习记录：

样品号	宝石名称	样品	颜色	光泽	透明度	表面特征	粒度和结构特征	杂质矿物颜色和形态	荧光	其他

3.7　蛇纹石玉

实习目的：

1. 结合蛇纹石玉的结构特征、光学性质、力学性质，掌握它们呈现的肉眼观察特征。
2. 熟记蛇纹石玉的颜色、光泽、粒度和结构特征。

实习内容：

1. 对蛇纹石玉的颜色、光泽、透明度、荧光、表面特征、粒度和结构特征、杂质矿物颜色和形态等进行观察、描述和记录。
2. 对蛇纹石玉进行掂重，选择其中 2 颗进行净水称重，获得相对密度。

实习重点：

1. 观察并分析蛇纹石玉的颜色（如色调、均匀性等）、光泽和透明度。
2. 分析并熟记蛇纹石玉的表面特征、粒度和结构特征。

实习难点：

识别蛇纹石玉的粒度和结构特征。

所需仪器：

10 倍放大镜、紫外荧光灯、净水称重仪。

课堂任务：

观察 2~3 颗不同雕刻形态的蛇纹石玉，对其宝石学特征进行描述，思考所提问题，并在表中记录。

思考题：

1. 蛇纹石玉中常分布哪些杂质矿物？它们是什么颜色和形态？对蛇纹石玉的宝石学性质有什么影响？
2. 蛇纹石玉的颜色变化与微量元素有怎样的关系？

实习记录：

样品号	宝石名称	样品	颜色	光泽	透明度	表面特征	粒度和结构特征	杂质矿物颜色和形态	荧光	其他

3.8　石英质玉

实习目的：

1. 结合石英质玉（包括石英岩玉、玉髓、玛瑙、木变石、硅化木）的结晶学性质、光学性质、力学性质，掌握它们呈现的肉眼观察特征。

2. 了解具有砂金效应石英岩玉和具有猫眼效应木变石的结构特征。

3. 熟记不同石英质玉石的颜色、光泽、粒度和结构特征。

实习内容：

1. 对石英质玉的颜色、光泽、透明度、荧光、特殊光学效应、表面特征、粒度和结构特征、杂质矿物颜色和形态等进行观察、描述和记录。

2. 观察具有砂金效应石英岩玉的结构特征。

3. 观察具有猫眼效应木变石的结构特征。

4. 对石英质玉进行掂重，针对不同类型的石英质玉各选择 2 颗进行净水称重，获得相对密度。

实习重点：

1. 观察并分析石英质玉的颜色（如色调、均匀性等）、光泽和透明度。

2. 观察并分析石英质玉的表面特征、粒度和结构特征。

3. 观察东陵石和木变石的特殊光学效应。

实习难点：

识别石英质玉的粒度和结构特征。

所需仪器：

10 倍放大镜、紫外荧光灯、净水称重仪。

课堂任务：

观察 5~6 颗不同雕刻形态的石英质玉，对其宝石学特征进行描述，思考所提问题，并在表中记录。

思考题：

1. 请详细描述不同类型石英质玉的粒度和结构特征。

2. 玛瑙和玉髓有什么区别？

3. 硅化木为什么属于天然玉石，而不是天然有机宝石？

实习记录：

样品号	宝石名称	样品	颜色	光泽	透明度	表面特征	粒度和结构特征	杂质矿物颜色和形态	荧光	特殊光学效应	其他

3.9 孔雀石

实习目的：

1. 结合孔雀石的结构特征、光学性质、力学性质，掌握它们呈现的肉眼观察特征。
2. 熟记孔雀石的颜色、光泽、粒度和结构特征。

实习内容：

1. 对孔雀石的颜色、光泽（如丝绢光泽）、透明度、荧光、表面特征、粒度和结构特征、杂质矿物颜色和形态等进行观察、描述和记录。
2. 对孔雀石进行掂重。

实习重点：

1. 观察并分析孔雀石的颜色（如色调、分布形态等）和光泽。
2. 分析并熟记孔雀石的表面特征、粒度和结构特征。

实习难点：

识别孔雀石的光泽、粒度和结构特征。

所需仪器：

10倍放大镜、紫外荧光灯、净水称重仪。

课堂任务：

观察2~3颗不同雕刻形态的孔雀石，对其宝石学特征进行描述，思考所提问题，并在表中记录。

思考题：

1. 请详细描述孔雀石的颜色、光泽、粒度和结构特征。
2. 孔雀石的抛光表面和破损处（断口）的表面特征分别是什么？

实习记录：

样品号	宝石名称	样品	颜色	光泽	透明度	表面特征	粒度和结构特征	杂质矿物颜色和形态	荧光	其他

第4章 常见有机宝石

4.1 珍 珠

实习目的：
1. 结合珍珠的表面特征、结构特征、光学性质、力学性质，掌握它们呈现的肉眼观察特征。
2. 熟记珍珠的颜色、光泽和表面特征，为珍珠的鉴定和评估打下基础。

实习内容：
1. 对珍珠的颜色、光泽（如珍珠光泽）、透明度、发光性、表面特征等进行观察、描述和记录。
2. 对珍珠进行掂重。

实习重点：
观察并分析珍珠的颜色、光泽和表面特征（等高线构造）。

实习难点：
识别珍珠的光泽和颜色的细微差别。

所需仪器：
10倍放大镜、紫外荧光灯、净水称重仪。

课堂任务：
观察5～6颗珍珠和贝珠，对其宝石学特征进行描述，思考所提问题，并在表中记录。

思考题：
1. 珍珠的颜色和光泽是如何形成的？它们如何影响珍珠的价值？
2. 珍珠的透明度和光学性质在珍珠鉴定中分别扮演什么角色？
3. 如何通过珍珠的硬度和密度来鉴定珍珠的真伪？

实习记录:

样品号	宝石名称	形态/大小	颜色	光泽	透明度	表面特征	密度	发光性	其他

4.2　珊　瑚

实习目的：
1. 结合珊瑚的表面特征、截面特征、光学性质、力学性质,掌握它们呈现的肉眼观察特征。
2. 熟记珊瑚的颜色、光泽、表面和截面鉴定特征,为珊瑚的鉴定和评估打下基础。

实习内容：
1. 对珊瑚的颜色分布、光泽、透明度、发光性、表面纹理和截面结构(放射状、同心环状)特征等进行观察、描述和记录。
2. 对珊瑚进行掂重。
3. 了解珊瑚的力学性质,如弹性、脆性、塑性等,以及该力学性质对珊瑚加工和保养的影响。

实习重点：
熟记珊瑚的颜色、光泽、透明度、截面特征等。

实习难点：
识别珊瑚的表面纹理和截面特征。

所需仪器：
10倍放大镜、紫外荧光灯、净水称重仪。

课堂任务：
观察5~7个珊瑚样品,对其宝石学特征进行描述,思考所提问题,并在表中记录。

思考题：
1. 珊瑚的颜色和光泽是如何形成的?它们如何影响珊瑚的价值?
2. 请详细描述不同品种珊瑚的表面特征和截面特征。

第4章 常见有机宝石

实习记录：

样品号	宝石名称	颜色	光泽	透明度	表面特征	截面特征	密度	力学性质	发光性	其他

4.3 琥珀和蜜蜡

实习目的：
1. 结合琥珀和蜜蜡的表面特征、内部特征、光学性质和力学性质及其他物理性质，掌握它们呈现的肉眼观察特征。
2. 熟记琥珀的颜色、光泽、内部特征、密度，为琥珀和蜜蜡的鉴定和评估打下基础。

实习内容：
1. 对琥珀和蜜蜡的颜色、光泽、透明度、发光性、表面特征（流淌纹、包裹体、棉絮、火山灰）和内部特征（气泡、裂纹和孔洞）等进行观察、描述和记录。
2. 对琥珀和蜜蜡进行掂重。
3. 了解琥珀和蜜蜡的光学性质（如颜色、透明度、光泽、发光性等）和力学性质（如弹性、脆性、塑性等），以及这些性质对琥珀和蜜蜡的加工和保养的影响。

实习重点：
观察并分析琥珀和蜜蜡的颜色、光泽、透明度、发光性的特征。

实习难点：
识别琥珀和蜜蜡的表面特征（流淌纹、包裹体、棉絮等）和内部特征（气泡、裂纹和孔洞等）。

所需仪器：
10 倍放大镜、紫外荧光灯、净水称重仪。

课堂任务：
观察 5～7 个琥珀和蜜蜡样品，对其宝石学特征进行描述，思考所提问题，并在表中记录。

思考题：
1. 琥珀和蜜蜡的表面特征和内部特征如何影响其价值？
2. 在鉴别琥珀和蜜蜡时，哪些特征是最具有鉴定价值的？

第 4 章 常见有机宝石

实习记录：

样品号	宝石名称	颜色	光泽	透明度	表面特征	内部特征	密度	力学性质	发光性	其他

4.4 煤　精

实习目的：

1. 结合煤精的表面特征、光学性质和力学性质及其他物理性质，掌握它们呈现的肉眼观察特征。

2. 熟记煤精的颜色、光泽、密度和力学性质，为煤精的鉴定和评估打下基础。

实习内容：

1. 对煤精的颜色、光泽、透明度、发光性、表面特征、密度等进行观察、描述和记录。

2. 对煤精进行掂重。

实习重点：

观察并分析煤精的颜色、透明度、断口和发光性的特征。

实习难点：

识别煤精的表面特征（树脂或沥青状光泽，抛光较好的可见木质纹理）。

所需仪器：

10倍放大镜、紫外荧光灯、净水称重仪。

课堂任务：

观察2～3个煤精样品，对其宝石学特征进行描述，思考所提问题，并在表中记录。

思考题：

1. 煤精的光泽和颜色如何通过加工工艺进行改善？

2. 煤精的力学性质对其加工和佩戴有哪些影响？

第 4 章 常见有机宝石

实习记录：

样品号	宝石名称	颜色	光泽	透明度	表面特征	密度	力学性质	发光性	其他

4.5　象牙和猛犸象牙

实习目的：

1. 结合象牙和猛犸象牙的表面特征、横截面特征、光学性质和力学性质及其他物理性质，掌握它们呈现的肉眼观察特征。

2. 熟记象牙和猛犸象牙的颜色、光泽、密度和力学性质，为象牙和猛犸象牙的鉴定和评估打下基础。

实习内容：

1. 对象牙和猛犸象牙的颜色、光泽、透明度、发光性、表面特征、横截面特征（勒兹纹理线、分层结构）、密度等进行观察、描述和记录。

2. 对象牙和猛犸象牙进行掂重。

3. 了解象牙和猛犸象牙的光学性质（如颜色、透明度、光泽、发光性等）和力学性质（如弹性、脆性、塑性等），以及这些性质对象牙和猛犸象牙的加工和保养的影响。

实习重点：

观察并分析象牙和猛犸象牙的颜色、透明度、断口和发光性的特征。

实习难点：

识别象牙和猛犸象牙的表面特征和横截面特征的区别。

所需仪器：

10 倍放大镜、紫外荧光灯、净水称重仪。

课堂任务：

观察 3～5 个象牙和猛犸象牙样品，对其宝石学特征进行描述，思考所提问题，并在表中记录。

思考题：

1. 象牙和猛犸象牙的表面特征和横截面特征的区别有哪些？

2. 象牙和猛犸象牙的力学性质对其加工和佩戴有哪些影响？

第4章 常见有机宝石

实习记录：

样品号	宝石名称	颜色	光泽	透明度	表面特征	横截面特征	密度	力学性质	发光性	其他

4.6 龟甲、骨质材料及贝壳

实习目的：

1. 结合龟甲、骨质材料及贝壳的表面特征、横截面特征、光学性质和力学性质及其他物理性质，掌握它们呈现的肉眼观察特征。

2. 熟记龟甲、骨质材料及贝壳的颜色、光泽、密度和力学性质，为龟甲、骨质材料及贝壳的鉴定和评估打下基础。

实习内容：

1. 对龟甲的颜色、光泽、透明度、发光性、表面特征和内部特征、横截面特征（勒兹纹理线、分层结构）、密度等进行观察、描述和记录。

2. 对骨质材料的颜色、光泽、透明度、发光性、表面特征和横截面特征（管状结构）、密度等进行观察、描述和记录。

3. 对龟甲、骨质材料及贝壳进行掂重。

4. 了解龟甲、骨质材料及贝壳的光学性质（如颜色、透明度、光泽、发光性等）和力性质（如弹性、脆性、塑性等）对象牙和猛犸象牙的加工和保养的影响。

实习重点：

观察并分析龟甲、骨质材料及贝壳的颜色、透明度、断口和发光性的特征。

实习难点：

识别龟甲的表面特征和内部特征，骨质材料的表面特征和横截面特征。

所需仪器：

10倍放大镜、紫外荧光灯、净水称重仪。

课堂任务：

观察3~5个龟甲、骨质材料及贝壳样品，对其宝石学特征进行描述，思考所提问题，并在表中记录。

思考题：

1. 在鉴别这些材料时，哪些因素是最具有决定性的？

2. 这些材料的光泽和颜色如何通过加工工艺进行改善？

第4章 常见有机宝石

实习记录：

样品号	宝石名称	颜色	光泽	透明度	表面特征	内部特征	横截面特征	密度	力学性质	发光性	其他

附录 1 单晶宝石的宝石学性质汇总

附表 1-1 单晶宝石的结晶学性质汇总表

色系	名称	晶系	对称型	轴性	光性	单形
红色	红宝石	三方晶系	$L^3 3L^2 3PC$	一轴晶	负	六方柱、菱面体、六方双锥、平行双面
红色	尖晶石	等轴晶系	$3L^4 4L^3 6L^2 9PC$	—	均质体	八面体
红色	镁铝榴石	等轴晶系	$3L^4 4L^3 6L^2 9PC$	—	均质体	菱形十二面体、四角三八面体、六八面体
红色	铁铝榴石					
红色	锰铝榴石					
红色	铁钙铝榴石					
红色	水钙铝榴石					多晶集合体
红色	高型锆石	四方晶系	$L^4 4L^2 5PC$	一轴晶	正	四方柱、四方双锥
红色	碧玺	三方晶系	$L^3 3P$	一轴晶	负	三方柱、六方柱、三方单锥
红色、粉红色	托帕石	斜方晶系	$3L^2 3PC$	二轴晶	正	斜方柱、斜方双锥、平行双面等
粉色	单晶石英（芙蓉石）	三方晶系	$L^3 3L^2$	一轴晶	正	多为镶嵌状的巨晶集合体
红绿双色	碧玺	三方晶系	$L^3 3P$	一轴晶	负	三方柱、六方柱、三方单锥
黄—黄褐色	尖晶石	等轴晶系	$3L^4 4L^3 6L^2 9PC$	—	均质体	八面体
黄—黄褐色	锰铝榴石					
黄—黄褐色	铁钙铝榴石	等轴晶系	$3L^4 4L^3 6L^2 9PC$	—	均质体	菱形十二面体、四角三八面体、六八面体

附表 1-1 单晶宝石的结晶学性质汇总表（续）

结晶学性质

色系	名称	晶系	对称型	轴性	光性	单形
黄—黄褐色	钙铁榴石	等轴晶系	$3L^44L^36L^29PC$	—	均质体	菱形十二面体、四角三八面体、六八面体
黄—黄褐色	高型锆石	四方晶系	L^44L^25PC	一轴晶	正	四方柱、四方双锥
黄—黄褐色	中型锆石	四方晶系，部分蜕晶质化				
黄—黄褐色	蓝宝石	三方晶系	L^33L^23PC	一轴晶	负	六方柱、菱面体、六方双锥、平行双面
黄—黄褐色	单晶石英（黄水晶）	三方晶系	L^33L^2	一轴晶	正	六方柱、菱面体、三方双锥、平行双面
黄—黄褐色	托帕石	斜方晶系	$3L^23PC$	二轴晶	正	斜方柱、平行双面
黄—黄褐色	金绿宝石	斜方晶系	$3L^23PC$	二轴晶	正	斜方柱、平行双面
黄—黄褐色	蓝宝石	三方晶系	L^33L^23PC	一轴晶	负	六方柱、菱面体、六方双锥、平行双面
橙色	低型锆石	蜕晶质	—	—	均质体	晶格已被破坏，无结晶外形
褐色	橄榄石	斜方晶系	$3L^23PC$	二轴晶	正（少数情况为负）	斜方柱、平行双面
褐色	钙铝榴石	等轴晶系	$3L^44L^36L^29PC$	—	均质体	菱形十二面体、四角三八面体、六八面体
褐色	钙铁榴石		L^44L^25PC			
褐色	高型锆石	四方晶系	L^44L^25PC	一轴晶	正	四方柱、四方双锥
褐色	中型锆石	四方晶系，部分蜕晶质化				
褐色	低型锆石	蜕晶质	—	—	均质体	晶格已被破坏，无结晶外形
褐色	单晶石英（烟晶）	三方晶系	L^33L^2	一轴晶	正	六方柱、菱面体、三方双锥

附表1-1 单晶宝石的结晶学性质汇总表（续）

色系	名称	晶系	对称型	轴性	光性	单形
褐色	碧玺	三方晶系	$L^3 3P$	一轴晶	负	三方柱、六方柱、三方单锥
褐绿色	中型锆石	四方晶系，部分蜕晶质化	$L^4 4L^2 5PC$	一轴晶	正	四方柱、四方双锥
绿色	金绿宝石	斜方晶系	$3L^2 3PC$	二轴晶	正	斜方柱、平行双面
绿色	橄榄石	斜方晶系	$3L^2 3PC$	二轴晶	正（少数情况为负）	斜方柱、平行双面
绿色	尖晶石	等轴晶系	$3L^4 4L^3 6L^2 9PC$	—	均质体	八面体
绿色	钙铝榴石					菱形十二面体、四角三八面体、六八面体
绿色	铁铝榴石					
绿色	铬钒钙铝榴石（沙弗莱石）	等轴晶系	$3L^4 4L^3 6L^2 9PC$	—	均质体	
绿色	水钙铝榴石					多晶集合体
绿色	钙铁榴石（翠榴石）					菱形十二面体、四角三八面体、六八面体
绿色	钙铬榴石					菱形十二面体、四方双锥
绿色	高型锆石	四方晶系	$L^4 4L^2 5PC$	一轴晶	正	四方柱、四方双锥
绿色	低型锆石	蜕晶质	—	—	均质体	晶格已被破坏，无结晶外形
绿色	蓝晶石	三方晶系	$L^3 3PC$	一轴晶	负	六方柱、菱面体、六方双锥、平行双面
绿色	碧玺	三方晶系	$L^3 3P$	一轴晶	负	三方柱、六方柱、三方单锥
蓝色	尖晶石	等轴晶系	$3L^4 4L^3 6L^2 9PC$	—	均质体	八面体

附表 1-1 单晶宝石的结晶学性质汇总表（续）

色系	名称	晶系	对称型	轴性	光性	单形
蓝色	高型锆石	四方晶系	L^44L^25PC	一轴晶	正	四方柱、四方双锥
蓝色	蓝宝石	三方晶系	L^63L^23PC	一轴晶	负	六方柱、菱面体、六方双锥、平行双面
蓝色	托帕石	斜方晶系	$3L^23PC$	二轴晶	正	斜方柱、斜方双锥、平行双面
蓝色	碧玺	三方晶系	L^33P	一轴晶	负	三方柱、六方柱、三方单锥
蓝色、蓝绿色	碧玺（帕拉伊巴）	三斜晶系	—	二轴晶	负	—
	长石（微斜长石）	等轴晶系	$3L^44L^36L^29PC$	—	均质体	八面体
紫色	尖晶石	等轴晶系	$3L^44L^36L^29PC$	—	均质体	菱形十二面体、四角三八面体、六八面体
紫色	铁铝榴石	三方晶系	L^63L^23PC	一轴晶	负	六方柱、菱面体、六方双锥、平行双面
紫色	蓝宝石	三方晶系	L^33L^2	一轴晶	正	八面体
紫色	单晶石英（紫晶）	等轴晶系	$3L^44L^36L^29PC$	—	均质体	菱形十二面体、四角三八面体、六八面体
无色	尖晶石	四方晶系	L^44L^25PC	一轴晶	正	四方柱、四方双锥
无色	钙铝榴石	三方晶系	$3L^23PC$	一轴晶	正	六方柱、菱面体、三方双锥、三方偏方面体
无色	高型锆石	斜方晶系	$3L^23PC$	二轴晶	正	斜方柱、斜方双锥、平行双面
无色	单晶石英（水晶）	等轴晶系	$3L^44L^36L^29PC$	—	均质体	多晶集合体
白色	水钙铝榴石	等轴晶系	$3L^44L^36L^29PC$	—	均质体	八面体
黑色	尖晶石					

附表 1-1 单晶宝石的结晶学性质汇总表（续）

色系	名称	晶系	对称型	轴性	光性	单形
黑色	钙铁榴石	等轴晶系	$3L^4 4L^3 6L^2 9PC$	—	均质体	菱形十二面体、四角三八面体、六八面体
—	星光效应蓝宝石和红宝石	三方晶系	$L^3 3L^2 3PC$	一轴晶	负	六方柱、菱面体、六方双锥、平行双面
—	变色效应蓝宝石					
—	变石	斜方晶系	$3L^2 3PC$	二轴晶	正	斜方柱、平行双面
—	猫眼	—	—	二轴晶	—	—
—	变石猫眼	—	—	二轴晶	正/负	—
—	长石（月光石）	—	—	二轴晶	正	—
—	长石（日光石）	三方晶系	$L^3 3L^2$	一轴晶	正	六方柱、菱面体、三方双锥
—	长石（拉长石）		$L^3 3L^2$			
—	单晶石英（石英猫眼）	三方晶系	$L^3 3P$	一轴晶	负	三方柱、六方柱、三方偏方面体、三方单锥
—	单晶石英（星光石英）					
—	碧玺（碧玺猫眼）					
—	尖晶石	等轴晶系	$3L^4 4L^3 6L^2 9PC$	—	均质体	八面体
—	单晶石英（发晶）	三方晶系	$L^3 3L^2$	一轴晶	正	六方柱、菱面体、三方双锥、三方偏方面体

结晶学性质

附表 1-2 单晶宝石的光学性质汇总表

色系	名称	颜色	光泽	透明度	折射率	双折率	色散	多色性	发光性	特殊光学性质
红色	红宝石	鲜红色、纯红色、血红色、紫红色	亮玻璃光泽—亚金刚光泽	透明—不透明	1.762~1.770	0.008~0.010	0.018	明显，深红色、红—橙红色、紫红—褐红色、玫瑰红—粉红色	在长、短波紫外光下有明显的弱红色、橙色荧光	星光效应（六射或十二射）
红色	尖晶石	中红—深红色、橙红—橙色、浅粉红色、暗红色	玻璃光泽—亚金刚光泽	透明—不透明	1.715~1.740	—	0.02	—	长波紫外光下呈弱—强的红色、橙色荧光，短波紫外光下呈无—弱的红色、橙色荧光	针状包裹体密集排列时可呈四射或六射星光
红色	铁铝榴石	褐红色、粉红色、紫红色	强玻璃光泽		1.74~1.76	—	0.022	—		
红色	铁铝榴石	褐红色、紫红色、深红色	强玻璃光泽—亚金刚光泽	透明—不透明	1.76~1.81	—	0.024	—	惰性	变色效应（白炽灯红色，日光灯紫色）
红色	锰铝榴石	橙红色、褐红色	玻璃光泽		1.80~1.82	—	0.027	—		四射和六射等星光效应
红色	铁钙铝榴石	褐红色	强玻璃光泽		1.74~1.75	—	0.028	—		可有猫眼效应
红色	水钙铝榴石	粉红色	玻璃光泽		1.70~1.73	—		—		—
红色	高型锆石	红色、橙红色	玻璃光泽—金刚光泽	透明—半透明	1.93~1.99	0.059	0.039	明显	无—强的黄色、橙色荧光	少见猫眼效应
红色	碧玺	常为玫瑰红色、桃红色、粉红—红色	玻璃光泽	透明—半透明	1.62~1.65	0.014~0.021，常为0.018	0.017	明显（红—粉红色）	粉红色碧玺在长、短波紫外光下有弱红—紫色的荧光	可有猫眼效应
红色、粉红色	托帕石	粉红—红色	玻璃光泽	透明	1.61~1.64（粉红色通常为1.63~1.64）	0.008~0.010（粉红色通常为0.008）	0.014	明显（粉红—黄色或无色）	粉红色托帕石长波下可有橙黄色荧光，短波下荧光较弱	可有猫眼效应

附表1-2 单晶宝石的光学性质汇总表（续）

色系	名称	颜色	光泽	透明度	折射率	双折射率	色散	多色性	发光性	特殊光学性质
粉色	单晶石英（芙蓉石）	浓—浅玫瑰红色，较深色的少见	玻璃光泽	半透明—亚半透明	$No=1.544$,$Ne=1.553$	0.009	—	弱或无色	惰性	可有透射星光效应
红绿双色	碧玺	一个晶体上同时出现2种或3种颜色	玻璃光泽	透明—半透明	1.62～1.65	0.014～0.021,常为0.018	0.017	明显—强	一般惰性	可有猫眼效应
黄—黄褐色	尖晶石	黄色	玻璃光泽—亚金刚光泽	透明—不透明	1.712～1.717	—	0.020	—	长波紫外光下呈弱—中的褐黄色荧光，短波紫外光下呈无—褐黄色荧光	针状包裹体密集排列时会呈四射或六射星光
黄—黄褐色	锰铝榴石	黄色、褐黄色	强玻璃光泽—亚金刚光泽	透明—不透明	1.80～1.82	—	0.027	—	惰性	可有猫眼效应
黄—黄褐色	铁铝榴石	黄色	强玻璃光泽	透明	1.74～1.75	—	0.028	—	惰性	—
黄—黄褐色	钙铁榴石	黄色	亚金刚光泽	透明—不透明	1.89	—	0.057	—	惰性	—
黄—黄褐色	高型锆石	黄色	玻璃光泽—金刚光泽	透明—半透明	1.93～1.99	0.059	0.039	弱	长、短波下有时会有黄—橙色荧光	少见猫眼效应
黄—黄褐色	中型锆石	黄色	玻璃光泽—亚金刚光泽	半透明—不透明	1.88～1.91	0.008～0.04	—	—	—	—
黄—黄褐色	蓝宝石	黄色	亮玻璃光泽—亚金刚光泽	透明—不透明	1.76～1.78	0.008～0.010	0.018	明显（黄色/浅黄色）	斯里兰卡黄色蓝宝石可显示橙黄色荧光	—
黄—黄褐色	单晶石英（黄水晶）	浅黄—深黄色	玻璃光泽	透明	$No=1.544$,$Ne=1.553$	0.009	—	弱（黄色—浅黄色）	惰性	—
黄—黄褐色	托帕石	黄—黄褐色	玻璃光泽	透明	1.61～1.64（橙黄色通常为1.63～1.64）	0.008～0.010（橙黄色通常为0.008）	0.014	明显（黄—褐黄色）	黄褐色托帕石长波下可有橙黄色荧光，短波下荧光较弱	可有猫眼效应

附表1-2 单晶宝石的光学性质汇总表（续）

色系	名称	光学性质							
		颜色	光泽	透明度	折射率	双折率	色散	多色性	发光性	特殊光学性质
黄—黄褐色	金绿宝石	黄色、褐色、黄褐色	玻璃光泽	透明—半透明	1.74~1.75	0.009	0.014	弱—中三色性，黄—绿—褐色	长波下无荧光，短波下呈无—黄绿色荧光	—
橙色	蓝宝石	橙色	亮玻璃光泽—亚金刚光泽	透明—不透明	1.76~1.78	0.008~0.010	0.018	明显（黄褐色或橙色/无色）	大多无荧光	—
橙色	低型锆石	橙色	强玻璃光泽	透明—半透明，从高型至低型透明程度逐渐降低	1.78~1.84	0~0.008	0.039	完全蜕晶质化的无多色性	无—强黄色、橙色荧光	—
橙色	橄榄石	浅绿褐色	玻璃光泽	透明—半透明	1.65~1.69	0.036	0.020	弱三色性，褐—浅褐—深褐色	惰性	—
褐色	钙铝榴石	褐色	强玻璃光泽	不透明	1.74~1.75	—	0.028	—		—
褐色	钙铁榴石		亚金刚光泽		1.89	—	0.057	—		—
褐色	高型锆石	红褐色、黄褐色	玻璃光泽—金刚光泽	透明—半透明	1.93~1.99	0.059	—	弱		少见猫眼效应
褐色	中型锆石	褐色	亚金刚光泽	半透明—不透明	1.88~1.91	0.008~0.04	—		无—极弱的红色荧光	—
褐色	低型锆石		强玻璃光泽	透明—半透明，从高型至低型透明程度逐渐降低	1.78~1.84	0~0.008	—	完全蜕晶质化的无多色性		—
褐色	单晶石英（烟晶）	褐色、深褐色和灰黑色，有时带黄色色调	玻璃光泽	透明	$No=1.544$ $Ne=1.553$	0.009	—	明显（褐色、红褐色）	惰性	—

附表 1-2 单晶宝石的光学性质汇总表（续）

色系	名称	颜色	光泽	透明度	折射率	双折率	色散	多色性	发光性	特殊光学性质
褐色	碧玺	浅褐色、褐色、绿褐色	玻璃光泽	透明—半透明	1.62～1.65	0.014～0.021, 常为0.018	0.017	明显—强	一般惰性	可有猫眼效应
褐绿色	中型锆石	黄绿色、褐绿色	玻璃光泽—亚金刚光泽	半透明—不透明	1.88～1.91	0.008～0.04	0.039	弱	一般无荧光，有些可有很弱的绿色、黄绿色荧光	少见猫眼效应
绿色	金绿宝石	黄绿色、灰绿色	玻璃光泽	透明—半透明	1.74～1.75	0.009	0.014	弱—中三色性，黄—绿—褐色	长波下无荧光，短波下呈无—黄绿色荧光	—
绿色	橄榄石	浅黄绿色	玻璃光泽	透明—半透明	1.65～1.69	0.036	0.020	弱三色性，黄绿—弱黄绿—绿色	惰性	少见猫眼效应和星光效应
绿色	尖晶石	绿色、发暗甚至黑	玻璃光泽—亚金刚光泽	透明—不透明	1.712～1.717	—	0.02	—	长波紫外光下呈无—中的橙红—橙色荧光	—
绿色	钙铝榴石	绿色	强玻璃光泽	—	1.74～1.75	—	0.028	—	惰性	—
绿色	铁钙铝榴石	艳绿色			1.73～1.75	—		—		—
绿色	铬钒钙铝榴石（沙弗莱石）	浅绿色	玻璃光泽	透明—不透明	1.70～1.73	—		—		—
绿色	水钙铝榴石	绿色	亚金刚光泽		1.89	—	0.057	—		—
绿色	钙铬榴石（翠榴石）	深绿色、鲜绿色			1.87	—	—	—		—
绿色	钙铁榴石	绿色	玻璃光泽—金刚光泽	透明—半透明	1.93～1.99	0.059	0.039	弱	一般无荧光，有些可有很弱的绿色、黄绿色荧光	少见猫眼效应
绿色	高型锆石									

附录

附表1-2 单晶宝石的光学性质汇总表（续）

色系	名称	颜色	光泽	透明度	光学性质					
					折射率	双折率	色散	多色性	发光性	特殊光学性质
绿色	低型锆石	绿色	强玻璃光泽	透明—半透明，从低型至高型透明程度逐渐降低	1.78~1.84	0~0.008	0.039	完全蜕晶质化的无多色性	一般无荧光，有些可有很弱的绿色、黄绿色荧光	—
绿色	蓝宝石	绿色	亮玻璃光泽—亚金刚光泽	透明—不透明	1.76~1.78	0.008~0.010	0.018	明显（绿色/黄绿色）	大多无荧光	—
绿色	碧玺	暗绿色、浅绿色、翠绿色	玻璃光泽	透明—半透明	1.62~1.65	0.018，极少数可达0.039	0.017	明显—强	一般惰性	可有猫眼效应
绿色	尖晶石	蓝—绿色	玻璃光泽—亚金刚光泽	透明—不透明	1.715~1.740	—	0.02	—	惰性	—
蓝色	高型锆石	褐蓝色、蓝色、蓝多带点绿色调	亮玻璃光泽—亚金刚光泽	透明—半透明	1.93~1.99	0.059	0.039	蓝—无色或—褐色色调的黄色	长波下可有无—中浅蓝色荧光，短波下呈无色	星光效应、变色效应
蓝色	蓝宝石	蓝色	亮玻璃光泽—亚金刚光泽	透明—不透明	1.76~1.78	0.008~0.010	0.018	明显（蓝色/蓝绿色）	大多无荧光	可有猫眼效应
蓝色	托帕石	天蓝色，常带一点灰或绿色调	玻璃光泽	透明	1.61~1.64（通常为1.61~1.62）	0.008~0.010（通常为0.010）	0.014	明显（蓝色或无色）	长波下可有弱黄绿色荧光，短波下荧光较弱	可有猫眼效应
蓝色	碧玺	浅蓝—深蓝色	玻璃光泽	透明—半透明	1.62~1.65	0.014~0.021，常为0.018	0.017	明显—强	一般惰性	可有猫眼效应
蓝色	碧玺（帕拉伊巴）	蓝色	玻璃光泽	透明	—	—	—	—	—	—
蓝色、绿色	长石（微斜长石）	绿色、浅蓝绿色或蓝绿色	玻璃光泽	不透明	1.52~1.54	—	—	—	惰性	—
紫色	尖晶石	紫色	玻璃光泽—亚金刚光泽	透明—不透明	1.712~1.717	—	0.02	—	长波紫外光下，发绿色光，短波下不发光	针状包裹体密集排列时可呈四射或六射星光

· 73 ·

附表 1-2　单晶宝石的光学性质汇总表（续）

色系	名称	颜色	光泽	透明度	折射率	双折率	色散	多色性	发光性	特殊光学性质
紫色	铁铝榴石	紫色	强玻璃光泽—亚金刚光泽	透明—不透明	1.76~1.81	—	0.024	—	惰性	凹射和六射等星光效应
紫色	蓝宝石	紫色	亮玻璃光泽—亚金刚光泽	透明—不透明	1.76~1.78	0.008~0.010	0.018	明显（紫色/橙色）	大多无荧光	—
紫色	单晶石英（紫晶）	浅紫—红紫色	玻璃光泽	透明	$No=1.544$ $Ne=1.553$	0.009	—	弱—明显（一般呈红紫色紫色）	惰性	—
无色	尖晶石	无色，多带点粉色色调，纯净无色很少	玻璃光泽—亚金刚光泽	透明—不透明	1.712~1.717	—	0.02	—	惰性	—
无色	钙铝榴石	无色	强玻璃光泽	透明—不透明	1.74~1.75	—	0.028	—	惰性	少见猫眼效应
无色	高型锆石	无色	玻璃光泽—金刚光泽	透明—半透明	1.93~1.99	0.059	0.039	弱或无色	长、短波下有时含有黄—橙色荧光	—
无色	单晶石英（水晶）	纯净的无色，略呈淡灰色、淡褐色	玻璃光泽	透明	$No=1.544$ $Ne=1.553$	0.009	—	无色	惰性	可有猫眼效应
无色	托帕石	无色	玻璃光泽	透明	1.61~1.64（通常为1.61~1.62）	0.008~0.010（通常为0.010）	0.014	—	长波下可有弱黄绿色荧光，短波下荧光较弱	—
白色	水钙铝榴石	白色	玻璃光泽	透明—不透明	1.70~1.73	—	0.028	—	惰性	针状包裹体密集排列时可呈四射或六射星光
黑色	尖晶石	黑色	玻璃光泽—亚金刚光泽	透明—不透明	1.712~1.717	—	0.02	—	一般惰性	—
黑色	钙铁榴石	黑色	亚金刚光泽	透明—不透明	1.89	—	0.057	—	惰性	—
—	星光效应蓝宝石和红宝石	各种颜色均可有	亮玻璃光泽—亚金刚光泽	透明—不透明	1.76~1.78	0.008~0.010	0.018	较明显	大多无荧光	星光效应

附表1-2 单晶宝石的光学性质汇总表（续）

色系	名称	光学性质							
		颜色	光泽	透明度	折射率	双折率	色散	多色性	发光性	特殊光学性质
一	变色效应蓝宝石	日光下呈蓝紫色、灰蓝色，灯光下呈红紫色	亮玻璃光泽—亚金刚光泽	透明—不透明	1.76~1.78	0.008~0.010	0.018	明显	大多无荧光	变色效应
一	变石	黄绿—橙、褐红色，紫红色						强，深红—橘黄—绿色（随产地变化）	长短波呈无—中紫色荧光	变色效应（日光下呈绿色色调，白炽光下呈红色色调）
一	猫眼	黄色、褐色、黄绿、黄褐色、灰绿色	玻璃光泽	透明—半透明	1.74~1.75	0.009	0.014	弱，黄—黄绿—橙色	含铁无荧光，含铬呈弱荧光	猫眼效应
一	变石猫眼	蓝绿—紫褐色						强，深红—橘黄—绿色（随产地变化）| 弱—中红色荧光	猫眼效应和变色效应（日光下呈绿色色调，白炽光下呈红色色调）
一	长石（月光石）| 以白色或无色中泛美丽的蓝色为佳			1.52左右	—	—	—	无色或粉红色、橙红色	月光效应
一	长石（日光石）| 褐红色、橙红色、颜色深浅由内含物决定	玻璃光泽	透明—不透明		—	—	—	惰性	日光效应（砂金效应）
一	长石（拉长石）| 无—黄色、变色效应多为灰色、灰绿色和灰黄色			1.56~1.57	—	—	—		晕彩效应
一	单晶石英（石英猫眼）| 通常为浅灰—灰褐色，也可带有黄色和绿色色调	玻璃光泽	透明	$No=1.544$ $Ne=1.553$	0.009	—	弱或无色	惰性	猫眼效应
一	单晶石英（星光石英）| 多为白色、灰色、粉色等								星光效应

附表1-2 单晶宝石的光学性质汇总表（续）

色系	名称	光学性质					
		颜色	光泽	透明度	折射率	双折率	色散
—	碧玺（碧玺猫眼）	—	玻璃光泽	半透明	1.62～1.65	0.014～0.021,常为0.018	0.017
—	尖晶石	日光下呈蓝色，白炽灯下呈紫色	玻璃光泽—亚金刚光泽	透明—不透明	1.712～1.717	—	0.02
—	单晶石英（发晶）	—	玻璃光泽	透明	$No=1.544$ $Ne=1.553$	0.009	—

色系	名称	光学性质		
		多色性	发光性	特殊光学性质
—	碧玺（碧玺猫眼）	明显—强	一般惰性	猫眼效应
—	尖晶石	—	无—弱	变色效应
—	单晶石英（发晶）	弱或无色	惰性	—

附表1-3 单晶宝石的力学性质汇总表

色系	名称	力学性质			
		硬度	相对密度	解理	断口
红色	红宝石	9	4.00(+0.10,-0.05)	无	贝壳状
红色	尖晶石	8	3.60(+0.10,-0.03)	无	贝壳状
红色	镁铝榴石	7.25	3.70～3.80	无	贝壳状
红色	铁铝榴石	7.5	3.80～4.20	无	贝壳状
红色	锰铝榴石	7	4.16	无	贝壳状
红色	铁钙铝榴石	7.25	3.60～3.70	无	贝壳状
红色	水钙铝榴石		3.35左右		
红色	高型锆石	7～7.5	4.60～4.80	无	贝壳状
红色	碧玺	7～7.5	3.01～3.11	无	贝壳状

附表1-3 单晶宝石的力学性质汇总表（续）

色系	名称	力学性质			
		硬度	相对密度	解理	断口
红色、粉红色	托帕石	8	3.50~3.60	1组完全底面解理	阶梯状
粉色	单晶石英（芙蓉石）	7	2.65	无	贝壳状
红绿双色	碧玺	7~7.5	3.01~3.11	无	贝壳状
黄—黄褐色	尖晶石	8	3.60(+0.10,-0.03)	无	贝壳状
黄—黄褐色	锰铝榴石	7	4.16	无	
黄—黄褐色	铁钙铝榴石	7.25	3.60~3.70	无	贝壳状
黄—黄褐色	钙铁榴石	6.5	3.85	无	
黄—黄褐色	高型锆石	7~7.5	4.60~4.80	无	贝壳状
黄—黄褐色	中型锆石	6~7.5	4.10~4.60	无	贝壳状
黄—黄褐色	蓝宝石	9	3.99~4.00	无	贝壳状
黄—黄褐色	单晶石英（黄水晶）	7	2.65	无	贝壳状
黄—黄褐色	托帕石	8	3.50~3.60	1组完全底面解理	阶梯状
黄—黄褐色	金绿宝石	8.5	3.72	3组不完全解理	贝壳状
橙色	蓝宝石	9	3.99~4.00	无	贝壳状
橙色	低型锆石	6~7.5	3.90~4.10	无	贝壳状
褐色	橄榄石	6.5	3.32~3.37	不完全解理	贝壳状
褐色	钙铝榴石	7.25	3.60~3.70	无	贝壳状

附表1-3 单晶宝石的力学性质汇总表（续）

色系	名称	硬度	相对密度	解理	断口
褐色	钙铁榴石	6.5	3.85	无	贝壳状
褐色	高型锆石	7~7.5	4.60~4.80	无	贝壳状
褐色	中型锆石	6~7.5	4.10~4.60	无	贝壳状
褐色	低型锆石	6~7.5	3.90~4.10	无	贝壳状
褐色	单晶石英（烟晶）	7	2.65	无	贝壳状
褐色	碧玺	7~7.5	3.01~3.11	无	贝壳状
褐绿色	中型锆石	6~7.5	4.10~4.60	无	贝壳状
绿色	金绿宝石	8.5	3.72	3组不完全解理	贝壳状
绿色	橄榄石	6.5	3.32~3.37	不完全解理	贝壳状
绿色	尖晶石	8	3.60 (+0.10, -0.03)	无	贝壳状
绿色	钙铝榴石	7.25	3.60~3.70	无	贝壳状
绿色	铁钙铝榴石				
绿色	铬钒钙铝榴石（沙弗莱石）				
绿色	水钙铝榴石	6.5	3.35左右	无	贝壳状
绿色	钙铁榴石（翠榴石）	6.5	3.85	无	
绿色	钙铬榴石	7.5	3.77	无	
绿色	高型锆石	7~7.5	4.60~4.80	无	贝壳状

附表 1-3 单晶宝石的力学性质汇总表（续）

色系	名称	硬度	相对密度	解理	断口
绿色	低型锆石	6~7.5	3.90~4.10	无	贝壳状
绿色	蓝宝石	9	3.99~4.00	无	贝壳状
绿色	碧玺	7~7.5	3.01~3.11	无	贝壳状
蓝色	尖晶石	8	3.60 (+0.10, −0.03)	无	贝壳状
蓝色	高型锆石	7~7.5	4.60~4.80	无	贝壳状
蓝色	蓝宝石	9	3.99~4.17	无	贝壳状
蓝色	托帕石	8	3.50~3.60	1组完全底面解理	阶梯状
蓝色	碧玺	7~7.5	3.01~3.11	无	贝壳状
蓝色、蓝绿色	长石（帕拉伊巴）(微斜长石)	6	2.56	2组近于直角的柱面解理	不平坦状、阶梯状
紫色	尖晶石	8	3.60 (+0.10, −0.03)	无	贝壳状
紫色	铁铝榴石	7.5	3.8~4.2	无	贝壳状
紫色	蓝宝石	9	3.99~4.00	无	贝壳状
紫色	单晶石英（紫晶）	7	2.65	无	贝壳状
无色	尖晶石	8	3.60 (+0.10, −0.03)	无	贝壳状
无色	钙铝榴石	7.25	3.60~3.70	无	贝壳状
无色	高型锆石	7~7.5	4.60~4.80	无	贝壳状

附表 1-3 单晶宝石的力学性质汇总表（续）

色系	名称	力学性质			
		硬度	相对密度	解理	断口
无色	单晶石英（水晶）	7	2.65	无	贝壳状
无色	托帕石	8	3.50～3.60	1组完全底面解理	阶梯状
白色	水钙铝榴石	7.25	3.35左右	无	贝壳状
黑色	尖晶石	8	3.60(+0.10,-0.03)	无	贝壳状
黑色	钙铁榴石	6.5	3.85	无	贝壳状
—	星光效应蓝宝石和红宝石	9	3.99～4.00	无	贝壳状
—	变色效应蓝宝石				
—	变石	8.5	3.72	3组不完全解理	贝壳状
—	猫眼			无	
—	变石猫眼				
—	长石（月光石）	6～6.5	2.56	2组近于直角的柱面解理	阶梯状
—	长石（日光石）	6～6.5	2.56	无	不平坦状，阶梯状
—	长石（拉长石）	6	2.69～2.72，通常为2.70	无	
—	单晶石英（石英猫眼）	7	2.65	无	贝壳状
—	单晶石英（星光石英）			无	
—	碧玺（碧玺猫眼）	7～7.5	3.01～3.11	无	贝壳状
—	尖晶石	8	3.60(+0.10,-0.03)	无	贝壳状
—	单晶石英（发晶）	7	2.65	无	贝壳状

附表1-4 单晶宝石的内含物汇总表

色系	名称	内含物	其他
红色	红宝石	固态矿物晶体、液态羽状体、气液态管状构造、"糖蜜"状构造，补丁状红宝石针、"百叶窗"式双晶、尖晶石及萤石、云母晶体及双晶等。缅甸抹谷红宝石：少量混圆粒状的白云石、尖晶石及萤石，双晶较发育（1~3组聚片双晶），双晶边缘常伴有水铝矿的细针；泰国红宝石：丰富的水铝矿细针，"煎蛋"状、"建筑脚手架"状，常见2组以上聚片双晶；越南红宝石：流动的旋涡状构造色带，橘黄色的扁平状的金云母晶体，透明菱面不规则固块状分解石，橙色的金红石晶体，黑色棒状磁黄铁矿的金云母晶体或不规则固块状方解石，常见分散或串体的负晶；缅甸孟素红宝石：垂直Z轴色带，	存在特殊品种"达碧兹"
红色	尖晶石	固态包裹体常见八面体尖晶石包裹体、单独、成行排列或呈指纹状分布。在缅甸抹谷的尖晶石中发现有细小雾状包裹体，其次可见片状磷灰石、柱状磷灰石、石英等包裹体。开放裂隙中常见小雾状包裹体，刀片状榍石包裹体。	—
红色	铁铝榴石	浑圆团状磷灰石包裹体、针状钛铁矿、由石英组成的圆形雪环状小晶片	—
红色	铁铝榴石	矿物晶体包裹体（针金红石包裹体）、锆石晶体、棒状角闪石、磷灰石、尖晶石）	—
红色	锰铝榴石	面纱状愈合裂隙	—
红色	铁钙铝榴石	锆石、磷灰石、"热浪效应"	—
红色	水钙铝榴石	黑色铬铁矿	—
红色	高型锆石	愈合裂隙及矿物包裹体、如磁铁矿、磷灰石、黄铁矿等，后刻面重影明显	蚀蚀
红色	碧玺	大量管状或线状空穴及气液包裹体，有时呈扁平薄层状分布	红光区吸收，绿区有498nm强吸收窄带，蓝区有468nm弱吸收带
红色、粉红色	托帕石	初始解理、长管状洞穴、扁平细小液态雾状、水滴状包裹体	折射以上常表现为假一轴晶
粉色	单晶石英（芙蓉石）	内含大量细微包裹体，呈乳状、半透明，部分还可含定向排列的针状金红石、矽线石包裹体，显透射星光	—
红绿双色	碧玺	大量管状或线状空穴及气液包裹体，有时呈扁平薄层状分布	—
黄—黄褐色	尖晶石	固态包裹体常见八面体尖晶石包裹体、柱状磷灰石、石英包裹体，成行排列或呈指纹状分布。有时可见八面体负晶，其次可见片状石墨。开放裂隙中常见液态包裹体	—

附表 1-4 单晶宝石的内含物汇总表（续）

色系	名称	内含物	其他
黄—黄褐色	锰铝榴石	面纱状愈合裂隙，可见平行排列的针状包裹体	—
黄—黄褐色	铁钙铝榴石	锆石、磷灰石，"热浪效应"	—
黄—黄褐色	钙铝榴石	矿物晶体包裹体	—
黄—黄褐色	高型锆石	愈合裂隙及矿物包裹体，如磁铁矿、磷灰石、黄铁矿等，后亭面棱重影明显	蚀蚀
黄—黄褐色	中型锆石	平直或两个方向的角状色带，还可见少量絮状包裹体	—
黄—黄褐色	蓝宝石	针状金红石针、似指纹状、不规则状羽裂液态羽状体和管状体、气液两相管状、棒状体、矿物晶体包裹体（如磁铁矿、石榴石、刚玉、尖晶石、铀烧绿石、硬水铝石、磁铁矿、铁铝石、方解石、长石、黑云母、磷灰石等）	蓝光区通常仅有 450nm 一条吸收带
黄—黄褐色	单晶石英（黄水晶）	气液两相包裹体、负晶、愈合裂隙及种类繁多晶体包裹体，含有大量微细裂隙时可称彩虹水晶	—
黄—黄褐色	托帕石	初始解理，扁平细小液态洞穴、水滴状气液包裹体	折射以上常表现为假一轴晶
黄—黄褐色	金绿宝石	指纹状包裹体、云母、阳起石、针铁片、云母片、气液包裹体、刻面棱重影	—
黄—黄褐色	蓝宝石	针状金红石针、似指纹状、不规则状羽裂液态羽状体和管状包裹体、石英等固体包裹体、气液两相和管状状包裹体（如锆石、尖晶石、刚玉、石榴玉、石榴石、铀烧绿石、黑云母、长石、角闪石、磷灰石等）	—
橙色	低型锆石	平直或两个方向的角状色带，还可见少量絮状包裹体	—
橙色	橄榄石	铬铁矿晶体、"睡莲叶"状包裹体	—
褐色	钙铝榴石	短柱状、浑圆状晶体包裹体	—
褐色	钙铁榴石	矿物晶体包裹体	—
褐色	高型锆石	愈合裂隙及矿物包裹体，如磁铁矿、磷灰石、黄铁矿等，后亭面棱重影明显	查尔斯滤色镜下变红色
褐色	中型锆石	平直或两个方向的角状色带，还可见少量絮状包裹体	蚀蚀

附表1-4 单晶宝石的内含物汇总表（续）

色系	名称	内含物	其他
褐色	低型锆石	平直或两个方向的角状色带，还可见少量絮状包裹体	—
褐色	单晶石英（烟晶）	与水晶相似，有时含有细长金红石针	—
褐色	碧玺	大量管状或线液状穴及气液包裹体，有时呈扁平薄层状分布	—
褐绿色	中型锆石	平直或两个方向的角状色带，还可见少量絮状包裹体	蚀蚀
绿色	金绿宝石	指纹状包裹体，云母、阳起石、针铁矿、石英等固体包裹体，原生及次生二相或三相包裹体	—
绿色	橄榄石	铬铁矿晶体，"睡莲叶"状包裹体，气液包裹体，刻面棱重影	—
绿色	尖晶石	固态包裹体常见八面体尖晶石包裹体，单独、成行排列或呈指纹状分布。有时可见八面体负晶，其次可见片状石墨、柱状磷灰石、石英等包裹体。开放裂隙中常见液态包裹体	—
绿色	钙铝榴石	短柱状、浑圆状晶体包裹体，"热浪效应"	—
绿色	铁钙铝榴石	锆石、磷灰石，"热浪效应"	—
绿色	铬钒钙铝榴石（沙弗莱石）	长柱状磷灰石、细小梭柱状透辉石、石英、长石、顽火辉石及硫锰矿	—
绿色	水钙铝榴石	黑色铬铁矿	—
绿色	钙铁榴石（翠榴石）	"马尾丝"状包裹体，明显生长纹，碎裂状黑色包裹体	—
绿色	钙铬榴石	与铬铁矿、蛇纹石共生	—
绿色	高型锆石	愈合裂隙包裹矿物包裹体，如磁铁矿、磷灰石、黄铁矿等，后壳面棱重影明显	蚀蚀
绿色	低型锆石	平直或两个方向的角状色带，还可见少量絮状包裹体	—
绿色	蓝宝石	针状金红石针、似指纹状、不规则状液态羽状体和管状体，气液两相管状体、棒状体，矿物晶体包裹体（如锆石、尖晶石、刚玉、石榴石、铀烧绿石、硬水铝石、磁铁矿、铁铝矿、方解石、角闪石、云母、黑云母、长石、磷灰石等）	蓝光区通常仅有450nm一条吸收带

附表 1-4 单晶宝石的内含物汇总表（续）

色系	名称	内含物	其他
绿色	碧玺	大量管状或线状空穴及气液两相包裹体，有时呈扁平薄层状分布	—
蓝色	尖晶石	固态包裹体常见人面体尖晶石包裹体，单独、成行排列或呈指纹状分布。有时见人面体负晶，其次可见片状石墨、柱状磷灰石、石英等包裹体。开放裂隙中常见液态包裹体	—
蓝色	高型锆石	愈合裂隙及矿物包裹体，如磁铁矿、磷灰石、黄铁矿等，后壳面校重影明显	纸蚀
蓝色	蓝宝石	针状金红石针，似指纹状、不规则状液态羽状体和管状体，气液两相管状体、棒状体、矿物晶体包裹体（如锆石、尖晶石、刚玉、石榴石、铀烧绿石、硬水铝石、磁铁矿、钛铁矿、方解石、角闪石、长石、黑云母、磷灰石等）	蓝光区有470nm、460nm 和 450nm 3条吸收带
蓝色	托帕石	初始解理，扁平细小液态包裹体，水滴状气液包裹体	折射仪上常表现为一轴晶
蓝色	碧玺	大量管状或线状空穴及气液两相包裹体，有时呈扁平薄层状分布	常光方向可全部吸收，折射仪上仪表现为1条阴影边界，刻面棱双影不清晰或看不见
蓝色、蓝绿色	碧玺（帕拉伊巴）	—	—
紫色	长石（微斜长石）	格子状或"斑马纹"状白色物质	—
紫色	尖晶石	固态包裹体常见人面体尖晶石包裹体，单独、成行排列或呈指纹状分布。有时见人面体负晶，其次可见片状石墨、柱状磷灰石、石英等包裹体。开放裂隙中常见液态包裹体	—
紫色	铁铝榴石	矿物晶体包裹体（针状金红石包裹体、锆石晶体、尖晶石）	—
紫色	蓝宝石	针状金红石针，似指纹状、不规则状液态羽状体和管状体，气液两相管状体、棒状体、矿物晶体包裹体（如锆石、尖晶石、刚玉、石榴石、铀烧绿石、硬水铝石、磁铁矿、钛铁矿、方解石、角闪石、长石、黑云母、磷灰石等）	—
紫色	单晶石英（紫晶）	两相包裹体、愈合裂隙，褐红色色纤铁矿包裹体可形成放射状、朵状集合体，深色和浅色愈色愈合裂隙交替可形成"斑马纹"	—
无色	尖晶石	固态包裹体常见人面体尖晶石包裹体，单独、成行排列或呈指纹状分布。有时见人面体负晶，其次可见片状石墨、柱状磷灰石、石英等包裹体。开放裂隙中常见液态包裹体	—
无色	钙铝榴石	短柱状、浑圆形晶体包裹体，"热浪效应"	—
无色	高型锆石	愈合裂隙及矿物包裹体，如磁铁矿、磷灰石、黄铁矿等，后壳面校重影明显	纸蚀
无色	单晶石英（水晶）	气液两相包裹体、负晶、愈合裂隙及种类繁多的晶体包裹体，含有大量微细裂隙时可称彩虹水晶	干涉图一般为变形的"螺旋桨"状，极个别出现正常一轴晶黑十字，黑十字状干涉图

· 84 ·

附表 1-4 单晶宝石的内含物汇总表（续）

色系	名称	内含物	其他
无色	托帕石	初始解理、长管状洞穴、扁平细小液态包裹体、水滴状气液包裹体	可出现绿区 1 条吸收宽带、蓝区 2 条吸收窄带（450nm 和 458nm），不属典型光谱
白色	水钙铝榴石	黑色铬铁矿	—
黑色	尖晶石	固态包裹体常见八面体尖晶石包裹体、单独、成行排列呈指纹状分布。有时可见八面体负晶，其次可见片状石墨、柱状磷灰石、石英等包裹体。开放裂隙中常见液态包裹体	—
黑色	钙铁榴石	矿物晶体包裹体	—
—	星光效应蓝宝石和红宝石	大量针状金红石针，可见似指纹状、不规则状液态羽状体和矿物晶体包裹体	—
—	变色效应蓝宝石	针状金红石针、似指纹状、不规则状液态羽状体和管状、气液两相管状、棒状体、矿物晶体包裹体（如锆石、尖晶石、刚玉、石榴石、铀烷绿石、硬水铝石、磁铁矿、钛铁矿、方解石、角闪石、长石、黑云母、磷灰石等）	470.5nm 吸收线、550～600nm 强吸收带和 685.5nm 吸收线
—	变石	指纹状包裹体、丝状物	—
—	猫眼	平行排列丝状或管状红宝石包裹体	—
—	变石猫眼	"蜈蚣"状包裹体	—
—	长石（月光石）	赤铁矿或针铁矿薄片	聚片双晶纹清晰可见
—	长石（日光石）	常含不透明金属矿物包裹体，可呈针状、片状、拉长状	—
—	长石（拉长石）	细密而平行排列的角闪石、石棉纤维	—
—	单晶石英（石英猫眼）	定向排列的细小金红石针，通常为六射星光	主要见芙蓉石，有时也可见无色及淡黄色石英
—	单晶石英（星光石英）	大量平行排列的针管状包裹体	折射以上常表现为假一轴晶
—	碧玺（碧玺猫眼）	固态包裹体常见八面体尖晶石包裹体、单独、成行排列呈指纹状分布。有时可见八面体负晶，其次可见片状石墨、柱状磷灰石、石英等包裹体。开放裂隙中常见液态包裹体	—
—	尖晶石	大量或较多肉眼可见晶体	—
—	单晶石英（发晶）	大量或较多肉眼可见晶体	—

附录2 有机宝石的宝石学性质汇总

附表2-1 有机宝石的宝石学性质汇总表

色系	名称	结晶学性质	光学性质				特殊光学性质	力学性质			内含物或表面特征	截面特征	其他
			颜色	光泽	透明度	折射率	发光性		硬度	相对密度	断口			
红色	琥珀	均质体，可见异常消光和干涉色	浅红棕色、淡红色、淡绿褐色、橙红色、红色。西西里岛里、缅甸琥珀，著名品种比如血珀，红色透明，又称红珀，色红如血者为琥珀中的上品。血珀又可细分为4号血珀（樱桃琥珀），5号血珀（暗红色）。血珀颜色进一步加深，外观呈黑色，强光下显暗红色的又称为翳珀	树脂光泽，抛光后呈树脂光泽—近玻璃光泽	透明—半透明	1.54 (+0.05, -0.01)	缅甸琥珀：多呈紫蓝色；波罗的海琥珀：多呈黄白色荧光；多米尼加琥珀：多呈强蓝白色荧光；墨西哥琥珀：多呈蓝绿色	—	2~3	1.08 (+0.02, -0.08)	贝壳状	裂纹发育，并被黑色与褐色物质充填，黑色物质为炭质，褐色物质为铁质。内部特征如下。缅甸琥珀：红色点状物组成流淌纹，可见动植物包裹体；多米尼加琥珀的海琥珀：云雾状气泡、橡树毛、树皮加琥珀：多米司琥珀：红色点状；包裹体、保存完整的动植物包裹体	—	性脆。针刺琥珀呈白粉末状；导电性。琥珀是典型的绝缘体，与丝布摩擦能产生静电，可吸附细小的纸片屑起来；导热性差。有温感，加热至150℃时变软，开始分解，产生白色蒸汽，并散发一种松香味；熔融性。易溶于硫酸和热硝酸中，部分溶解于酒精、汽油，乙醇和松节油中
红色	珊瑚	—	深红色、桃红色	蜡状光泽或油脂光泽	微透明	1.48	—	—	3.5	2.65	贝壳状	颜色深浅以及透明度不同而显示出来的纵向延伸的平行条带和纵截面上的纵向平行条纹	横切面可见同心环状纹理，有时可见纵向平行纹带导致的放射状结构	钙质珊瑚遇盐酸有起泡反应
黄色	龟甲	非均质集合体	黄褐色，可有暗褐色、黑色、绿色斑点	蜡状光泽、油脂光泽	微透明	1.550 (-0.010)	紫外灯下呈无色，黄色部分可具蓝白色荧光	—	2.5	1.29 (+0.06, -0.03)	贝壳状	龟甲上的色斑由许多红色圆形色素小点组成，越密集颜色越深	—	热塑性、可切性，硝酸腐蚀，盐酸不反应

附表 2-1 有机宝石的宝石学性质汇总表（续）

色系	名称	结晶学性质	光学性质					力学性质			内含物或表面特征	截面特征	其他
			颜色	光泽	透明度	折射率	发光性	特殊光学性质	硬度	相对密度	断口			
黄色系	琥珀	均质体，可见异常消光和干涉色	浅黄—蜜黄色、黄褐色、黄棕棕色。波罗的海、墨西哥、罗马尼亚琥珀：黄色；波罗的海、多米尼加琥珀：金黄色；墨西哥琥珀：黄褐色。以下列举几种琥珀品种。金珀，为金黄色透明的琥珀，根据颜色饱和度和明度又可细分为1号金珀（亮金黄色），2号金珀（金黄色），3号金珀（棕黄色）。棕珀，棕色系列的透明琥珀，根据颜色饱和度和明度又细分为棕珀、金棕珀、棕红珀和棕褐珀。蜜蜡如鸡油黄，以金黄色、蛋黄色等黄色最为普遍，有蜡状感，透明的金珀与半透明的蜜蜡互相绞漫在一起时，形成黄色的具绞漫状花纹的金绞蜜，还有中心为不透明蜜蜡、向边缘逐渐过渡为透明金珀的金包蜜。还有由白色、棕黄、黑色煤矸等杂质形成具独特花纹外观的花珀	树脂光泽，抛光后树脂至近玻璃光泽	透明—半透明，微透明	1.54 (+0.05, -0.01)	缅甸琥珀：多呈紫蓝色；波罗的海琥珀：多呈黄白色荧光；多米尼加琥珀：多呈蓝绿色；墨西哥琥珀：多呈蓝绿色	—	2～3	1.08 (+0.02, -0.08)	贝壳状	裂纹发育，并披黑色与褐色物质充填，黑色物质内为碳质。褐色物质为铁质。内部特征如下。缅甸琥珀：红色点状物组成流涎纹，可见动植物包裹体；云多状气泡、橡树毛、树皮包裹体等；多米尼加琥珀：红色点状包裹体，保存完整的动植物包裹体		性脆，针刺琥珀呈粉末状；导电性，琥珀是电的绝缘体，与绒布摩擦能产生静电，可将细小的碎纸片吸起来；导热性差，有温感，加热至150℃时变软，产生白色蒸气，250℃时熔融，开始分解，溶解性：易溶于一种松香精，部分溶解于硫酸和热硝酸中、乙醇和松节油中

附表 2-1 有机宝石的宝石学性质汇总表（续）

色系	名称	结晶学性质	光学性质					力学性质			内含物或表面特征	截面特征	其他
			颜色	光泽	透明度	折射率	发光性	特殊光学性质	硬度	相对密度	断口			
褐色	琥珀	均质体，可见异常消光和干涉色	深褐色。波罗的海珀多呈马尼亚琥珀的颜色多由深棕、深褐、灰白、米白等多种颜色交织在一起，纤维状及斑块状的称为根珀	树脂光泽，抛光后为树脂光泽—近玻璃光泽	透明—半透明，微透明	1.54 (+0.05, -0.01)	缅甸琥珀：多呈紫蓝色；波罗的海琥珀：多呈黄白色荧光；多米尼加琥珀：蓝白色荧光；墨西哥琥珀：多呈蓝绿色	—	2～3	1.08 (+0.02, -0.08)	贝壳状	裂纹发育，并被褐色与黑色物质充填，褐色物质为铁质。缅甸琥珀：内部特征如下：红色点状物组成流淌纹、动植物包裹体：云雾状气泡、橡树毛、树皮状包裹体等；多米尼加琥珀：红点状包裹物；保存完整的动植物包裹体	—	性脆，针刺琥珀呈粉末状；导电性：琥珀是电的绝缘体，与绒布摩擦能产生静电，可将细小的碎纸片吸起来；导热性差，有温感，加热至150℃时变软，有温感，开始蒸气，250℃时熔融，产生白色蒸气，并散发一种松香味；溶解性：易溶于硫酸和热硝酸中，部分溶解于酒精、汽油、乙醇和松节油中
绿色	琥珀	均质体，可见异常消光和干涉色	浅绿色、黄绿色、褐绿色（荧光色）。罗马尼亚琥珀：褐绿色、绿色；墨西哥琥珀：黄绿色	树脂光泽，抛光后为树脂光泽—近玻璃光泽	透明—半透明，微透明	1.54 (+0.05, -0.01)	缅甸琥珀：多呈紫蓝色；波罗的海琥珀：多呈黄白色荧光；多米尼加琥珀：蓝白色荧光；墨西哥琥珀：多呈蓝绿色	—	2～3	1.08 (+0.02, -0.08)	贝壳状	裂纹发育，并被黑色物质充填，褐色物质为铁质。缅甸琥珀：内部特征如下：红色点状物组成流淌纹、动植物包裹体：云雾状气泡、橡树毛、树皮状包裹体等；多米尼加琥珀：红点状包裹物；保存完整的动植物包裹体	—	性脆，针刺琥珀呈粉末状；导电性：琥珀是电的绝缘体，与绒布摩擦能产生静电，可将细小的碎纸片吸起来；导热性差，有温感，加热至150℃时变软，有温感，开始蒸气，250℃时熔融，产生白色蒸气，并散发一种松香味；溶解性：易溶于硫酸和热硝酸中，部分溶解于酒精、汽油、乙醇和松节油中

附表 2-1 有机宝石的宝石学性质汇总表（续）

色系	名称	结晶学性质	光学性质					力学性质			内含物或表面特征	截面特征	其他
			颜色	光泽	透明度	折射率	发光性	特殊光学性质	硬度	相对密度	断口			
蓝色	琥珀	均质体，可见异常消光和干涉色	蓝色，蓝色（荧光色）。罗马尼亚琥珀：蓝色（荧光色）；多米尼加琥珀，透视观察呈现绿、黄绿、棕红色等，自然光下，黑色背景呈现不同饱和度的蓝色或绿蓝色荧光色	树脂光泽，抛光后呈树脂光泽一近玻璃光泽	透明—半透明，微透明	1.54（+0.05，-0.01）	缅甸琥珀：多呈紫蓝色；波罗的海琥珀：多呈黄白色荧光；多米尼加琥珀：多呈强蓝白色荧光；墨西哥琥珀：多呈蓝绿色、绿色	—	2～3	1.08（+0.02，-0.08）	贝壳状	裂纹发育，并被黑色与褐色物质充填，黑色物质为碳质，褐色物质为树脂质。内部特征如下。铺甸琥珀：红色点状物组成流淌纹；动植物包裹体：波罗的海琥珀：云雾状气泡、橡树毛、树皮加琥珀：保存完整的动植物包裹体	—	性脆，针刺琥珀呈粉末状；导电性：琥珀是电的绝缘体，与绒布摩擦能产生静电，可将细小的碎纸片吸起来；导热性差，有温感，加热至150℃时变软，开始分解，250℃时熔融，产生白色蒸汽，并散发一种松香味；溶解性：易溶于硫酸和热硝酸中，部分溶解于酒精、汽油、乙醇和松节油中
蓝色	珊瑚		蓝色	蜡状光泽或油脂光泽	微透明—不透明	1.48	一般为惰性	—	3.5	2.65	贝壳状	颜色深浅以及透明度不同而显示出来的和纵向截面上伸的平行条纹和纵向截面上的放射状条纹	横切面可见同心环状纹理，有时可见纵向平行纹带导致的放射状结构	钙质珊瑚遇酸碱有起泡反应
紫色	琥珀	均质体，可见异常消光和干涉色	淡紫色	树脂光泽，抛光后呈树脂光泽—近玻璃光泽	透明—半透明，微透明	1.54（+0.05，-0.01）	有荧光	—	2～3	1.08（+0.02，-0.08）	贝壳状	裂纹发育，并被黑色与褐色物质充填，黑色物质为碳质，褐色物质为树脂质。内部特征如下。铺甸琥珀：红色点状物组成流淌纹；动植物包裹体：波罗的海琥珀：云雾状气泡、橡树毛、树皮加琥珀：保存完整的动植物包裹体	—	性脆，针刺琥珀呈粉末状；导电性：琥珀是电的绝缘体，与绒布摩擦能产生静电，可将细小的碎纸片吸起来；导热性差，有温感，加热至150℃时变软，开始分解，250℃时熔融，产生白色蒸汽，并散发一种松香味；溶解性：易溶于硫酸和热硝酸中，部分溶解于酒精、汽油、乙醇和松节油中

附表 2-1 有机宝石的宝石学性质汇总表（续）

色系	名称	结晶学性质	光学性质					力学性质		内含物或表面特征	截面特征	其他
			颜色	光泽	透明度	折射率	发光性	特殊光学性质	硬度	相对密度		断口			

色系	名称	结晶学性质	颜色	光泽	透明度	折射率	发光性	特殊光学性质	硬度	相对密度	断口	内含物或表面特征	截面特征	其他
白色	珍珠	—	白色、灰色、橙色、粉色、金色、黑色、紫色、伴有各种晕彩	珍珠光泽，随珍珠层薄厚以及透明度等变化	半透明—不透明	1.530～1.685，多为1.53～1.56	长波紫外光下呈无一强的浅黄色、绿色、粉红色荧光	晕彩	3.1～4.5	2.60～2.85		表面特征：常具有少量沟纹、瘤刺、斑点等；显微特征：常具有平行线状、平行圈层状、不规则条纹状、旋涡状条纹	同心层状结构	易溶于各种酸、丙酮及苯等有机溶剂，不耐碱
白色	珊瑚	—	白色	蜡状光泽或油脂光泽	微透明—不透明	1.48	一般为惰性	—	3.5	2.65	贝壳状	颜色深浅以及透明度不同而显示出来的纵向延伸的平行条带和以截面上的放射状条纹	横切面可见同心环状纹理，有时可见纵向平行纹带导致的放射状结构	钙质珊瑚遇酸碱有起泡反应
白色	琥珀（蜜蜡）	均质体，可见异常消光和干涉色	白色、黄色；常见为白蜜，白蜜常浮在水上，也称为"泡沫蜜珀"，若颜色接近骨骼颜色可称为"骨珀"，似象牙白色的又称为"象牙珀"	树脂光泽、抛光后呈树脂光泽—近玻璃光泽	透明—半透明，微透明	1.54（+0.05，-0.01）	有荧光	—	2～3	1.08（+0.02，-0.08）	贝壳状	裂纹发育，并被黄褐色物质充填，黑色物质为炭质，褐色物质为扰质。内部特征如下：漏痕琥珀：红色点状物组成流涡纹，云雾状气泡、树枝状动植物包裹体等；多为红色点状包裹体，保存完整的动植物包裹体	—	性脆，针刺琥珀呈粉末状；导电性：琥珀是电的绝缘体，可与绒布摩擦能产生静电，与细小的碎纸片吸起来；导热性差；有温感，加热至150℃时变软，开始分解，250℃时熔融，产生白色蒸气；易溶解性：易溶于一种松香味，溶解时部分溶解于硫酸和热硝酸中，乙醇、乙醚、汽油、松节油中

附表 2-1 有机宝石的宝石学性质汇总表（续）

色系	名称	结晶学性质	光学性质					力学性质			内含物或表面特征	截面特征	其他
			颜色	光泽	透明度	折射率	发光性	特殊光学性质	硬度	相对密度	断口			
白色	猛犸象牙、象牙	—	乳白色、白色、黄白色、瓷白色、陈货发黄	蜡状光泽、油脂光泽	微透明—不透明	1.54	紫外光下有较强的蓝色荧光	—	2±1	1.70～1.85，平均1.79	贝壳状	表面光洁，少见明显瑕疵，部分成品中可观察到勒兹纹理，保存不当的象牙会发黄并产生裂纹	象牙横截面为圆形或近圆形，可见同心圆分层，有特征两组十字交叉的弧形纹理线，称为勒兹纹理（Retzium 纹）或旋转引擎状纹或旋涡纹交夹角范围在60°～115°之间，纵切面为平行波状线	不耐酸，酸泡后变软，韧性强
黑色	煤精	均质体	黑色	土状光泽、蜡状光泽	不透明	1.66	惰性	—	3～4	1.3～1.4	贝壳状	有时见木质纹理	—	表面易见抛磨线
黑色	珊瑚	—	黑色	蜡状光泽或油脂光泽	微透明—不透明	1.56	一般为惰性	—	2.5～3	1.37	贝壳状	—	横截面显示环绕原生枝干轴的同心环状纹理，类似树木的年轮	
金色	珊瑚	—	金色	蜡状光泽或油脂光泽	微透明—不透明	1.56	一般为惰性	有的表面光滑，强的斜照光下可显示晕彩	2.5～3	1.37	贝壳状	纵截面常有小丘疹样状突起	横截面显示环绕原生枝干轴的同心环状纹理，类似树木的年轮，有时还可见平行条纹	遇酸不起泡

附录3 多晶宝石（非晶宝石）的宝石学性质汇总

附表3-1 多晶宝石的结晶学性质、结构及内部特征等性质汇总表

色系	名称	结晶学性质	结构	粒度	内部特征	外部特征	其他
红色	翡翠	非均质集合体	粒状结构	微粒—粗粒	绺裂、石纹等	翠性、橘皮效应	可出现多种颜色的组合色
红色	独山玉	非均质集合体	粒状结构	细粒或隐晶质	透闪石、绢云母、桐石等杂质矿物、裂纹、白筋等	—	—
红色	隐晶质石英岩玉（玉髓）			隐晶质	可混入少量蛋白石、微量氧化铁、有机质等	—	—
红色	隐晶质石英岩玉（玛瑙）				可混入少量蛋白石、微量氧化铁、有机质等、条带状结构	—	—
红色	水钙铝榴石	均质集合体		显晶质	黑色铬铁矿	—	—
粉色	芙蓉石	非均质集合体	粒状结构	显晶质	尘埃状、乳滴状和絮状气液包裹体，以及固态金红石包裹体	—	—
黄色	翡翠		粒状结构	微粒—粗粒	绺裂、石纹等	翠性、橘皮效应	可出现多种颜色的组合色
黄色	独山玉		粒状结构	细粒或隐晶质	透闪石、绢云母、桐石等杂质矿物、裂纹、白筋等	—	—
黄色	隐晶质石英岩玉（玛瑙）	非均质集合体		隐晶质	可混入少量蛋白石、微量氧化铁、有机质等混入物、条带状结构	—	—
黄色	石英岩玉（虎睛石）	非均质集合体	纤维交织结构、纤维变晶结构	平行纤维	褐铁矿	—	二氧化硅交代的玉石
黄色	软玉			微粒	透闪石、角闪石、阳起石、方解石、石墨等	—	韧性强
褐色	蛇纹岩玉	非均质集合体	微晶集合	纤维状、叶片状、微晶	透闪石、角闪石、滑石、方解石、磁铁矿、硫化物等次要矿物	—	—

附表 3-1　多晶宝石的结晶学性质、结构及内部特征等性质汇总表（续）

色系	名称	结晶学性质	结构	粒度	内部特征	外部特征	其他
棕色	独山玉	非均质集合体	粒状结构	细粒或隐晶质	透闪石、绢云母、桐石等杂质矿物、裂纹、白筋等	—	—
绿色	独山玉	非均质集合体	粒状结构	细粒或隐晶质	透闪石、绢云母、桐石等杂质矿物、裂纹、白筋等	—	—
绿色	隐晶质石英岩玉（玉髓）	非均质集合体		隐晶质	可混入少量蛋白石、微量氧化铁、有机质等	—	—
绿色	隐晶质石英岩玉（玛瑙）	非均质集合体		隐晶质	可混入少量蛋白石、微量氧化铁、有机质、条带状结构	—	—
绿色	翡翠	—	粒状结构	微粒—粗粒	绺裂、石纹等	翠性、橘皮效应	可出现多种颜色的组合色
绿色	东陵石（铬云母石英岩）	非均质集合体		显晶质	大量铬云母呈绿色的小片分布于石英岩中，还可含有橘红色的金红石柱状晶体、褐红色的锆石晶体、褐色的铬铁矿晶体	—	—
绿色	水钙铝榴石	均质集合体			黑色铬铁矿	—	—
绿色	绿松石	非均质集合体	隐晶质块状、结核状、脉状褐皮壳状	隐晶质	褐铁矿、高岭石、水铝英石、蓝铜矿等杂质矿物	—	—
绿色	蛇纹岩玉	非均质集合体	微晶集合体	纤维状、叶片状、微晶	透闪石、滑石、方解石、磁铁矿、硫化物等杂质矿物	—	—
绿色	软玉	非均质集合体	纤维交织结构、纤维变晶结构	微粒	透闪石、角闪石、阳起石等杂质矿物、裂纹、石疆等	—	韧性强
绿色	孔雀石	非均质集合体	纤维状、钟乳状、放射状结构等	隐晶质	可含微量的CaO、Fe_2O_3、SiO_2等机械混入物，具有放射状、同心环状的条带状构造	—	遇盐酸起泡，并且容易溶解
青色	软玉	非均质集合体	纤维交织结构、纤维变晶结构	微粒	透闪石、角闪石、阳起石等杂质矿物、裂纹、石疆等	—	韧性强
蓝色	绿松石	非均质集合体	隐晶质块状、结核状、脉状褐皮壳状	隐晶质	褐铁矿、高岭石、水铝英石、蓝铜矿等杂质矿物	—	—

附表 3-1 多晶宝石的结晶学性质、结构及内部特征等性质汇总表（续）

色系	名称	结晶学性质	结构	粒度	内部特征	外部特征	其他
蓝色	隐晶质石英岩玉（玉髓）	非均质集合体	粒状结构	隐晶质	可混入少量蛋白石、微量氧化铁、有机质等	—	—
蓝色	隐晶质石英岩玉（玛瑙）	非均质集合体	粒状结构	隐晶质	可混入少量蛋白石、微量氧化铁、有机质等、条带状结构	—	—
蓝色	石英岩玉（鹰睛石）	非均质集合体	纤维状结构	平行纤维	钠闪石石棉	—	二氧化硅交代的玉石
蓝色	青金岩	均质集合体	粒状结构	微粒	方钠石、蓝方石、方解石、黄铁矿等杂质矿物	—	查尔斯滤色镜下呈浓红色
紫色	翡翠	非均质集合体	粒状结构	微粒—粗粒	缕裂、石纹等	翠性、橘皮效应	可出现多种颜色的组合色
紫色	独山玉	非均质集合体	粒状结构，少数为纤维状结构	细粒或隐晶质	透闪石、绢云母、棉石等杂质矿物、有机质等、条带状结构	—	—
紫色	隐晶质石英岩玉（玛瑙）	非均质集合体	粒状结构	隐晶质	可混入少量蛋白石、微量氧化铁、有机质等、条带状结构	—	—
灰色	隐晶质石英岩玉（玛瑙）	非均质集合体	粒状结构	隐晶质	可混入少量蛋白石、微量氧化铁、有机质等、条带状结构	—	—
无色	翡翠	非均质集合体	粒状结构	微粒—粗粒	缕裂、石纹等	翠性、橘皮效应	—
白色	翡翠	非均质集合体	粒状结构	微粒—粗粒	缕裂、石纹等	翠性、橘皮效应	—
白色	独山玉	—	—	细粒或隐晶质	透闪石、绢云母、棉石等杂质矿物、有机质等	—	—
白色	隐晶质石英岩玉（玛瑙）	隐晶质	—	隐晶质	可混入少量蛋白石、微量氧化铁、有机质等、条带状结构	—	—
白色	隐晶质石英岩玉（玉髓）	—	—	隐晶质	可混入少量蛋白石、微量氧化铁、有机质等	—	—

附录

附表 3-1 多晶宝石的结晶学性质、结构及内部特征等性质汇总表（续）

色系	名称	结晶学性质	结构	粒度	内部特征	外部特征	其他
白色	显晶质石英岩玉（石英岩）	—	—	显晶质	可混入少量高岭石、斜长石等杂质矿物	—	—
白色	软玉		纤维交织结构、变晶结构	微粒	透闪石、角闪石、阳起石等杂质矿物、裂纹、石疆等	—	韧性强
白色	水钙铝榴石	均质集合体	粒状结构	显晶质	黑色铬铁矿	—	—
黑色	软玉	非均质集合体	纤维交织结构、纤维结构	微粒	透闪石、角闪石、阳起石等杂质矿物、裂纹、石疆等	—	韧性强
黑色	独山玉			细粒或隐晶质	透闪石、绢云母、楣石等杂质矿物、白筋等	—	—
黑色	隐晶质石英岩玉（玛瑙）		粒状结构	隐晶质	可混入少量蛋白石、微量氧化铁、有机质等	—	—
黑色	蛇纹岩玉	—	微晶集合体	纤维状、叶片状微晶	透闪石、滑石、方解石、磁铁矿、硫化物等次要矿物	—	—
黑绿色	翡翠（干青种）	非均质集合体	粒状结构	微粒—细粒	绺裂、石纹等	翠性、橘皮效应	—
黑绿色	翡翠（墨翠）				绿辉石或碱性角闪石	—	—
杂色	隐晶质石英岩玉（玉髓）		粒状结构	隐晶质	可混入少量白石、微量氧化铁、有机质等	—	查尔斯滤色镜下呈红色
杂色	石英岩玉（斑马虎睛石）	非均质集合体	纤维状结构	平行纤维	褐铁矿和钠闪石石棉	—	二氧化硅交代的玉石
杂色	绿松石	隐晶质	隐晶质块状、结核状、脉状褐皮壳状	隐晶质	褐铁矿、高岭石、水铝英石、蓝铜矿等杂质矿物	—	查尔斯滤色镜下呈淡红色

附表 3-2 多晶宝石的光学性质和力学性质汇总表

色系	名称	颜色	光泽	透明度	折射率	发光性	特殊光学效应	硬度	相对密度	断口
红色	翡翠	褐红色、橙红色、乡糖色	油脂光泽—玻璃光泽	亚透明—不透明	1.65~1.67，点测 1.66	—	—	6.5~7	3.30~3.36，常为 3.33	参差状
红色	独山玉	粉红—芙蓉色	玻璃光泽—油脂光泽	半透明—不透明，极少数优品种近透明	点测 1.56 或 1.70，分别为长石和黝帘石集合体的折射率	—	—	6~6.5	2.73~3.18	参差状
红色	隐晶质石英岩玉（玉髓）	红—褐红色		半透明—微透明	点测 1.54~1.55	—	可出现猫眼效应	6.5~7	2.60~2.65	贝壳状
红色	隐晶质石英岩玉（玛瑙）	褐红色、酱红色	玻璃光泽	透明—不透明		—	可出现晕彩效应	6.5~7	2.60~2.65	贝壳状
红色	水钙铝榴石	粉红色	玻璃光泽	半透明—亚半透明	1.70~1.73	—	—	7.25	3.35 左右	
粉色	芙蓉石	浓—浅玫瑰红色，较深色的少见	玻璃光泽	不透明	1.54~1.56	—	可出现星光效应	7	2.65	贝壳状
黄色	翡翠	黄褐色、橙黄色	油脂光泽—玻璃光泽	半透明—不透明，极少数优品种近透明	1.65~1.67，点测 1.66	—	—	6.5~7	3.30~3.36，常为 3.33	参差状
黄色	独山玉	黄绿—橄榄绿色	玻璃光泽—油脂光泽	半透明—微透明	点测 1.56 或 1.70，分别为长石和黝帘石集合体的折射率	—	可出现晕彩效应	6~6.5	2.73~3.18	参差状
黄色	隐晶质石英岩玉（玛瑙）	浅黄色、橘黄色、褐黄色	玻璃光泽	微透明—不透明	点测 1.55	—	可出现猫眼效应	6.5~7	2.60~2.65	贝壳状
黄色	石英岩玉（虎睛石）	黄—黄褐色	成品可具丝绢光泽	半透明—不透明	点测 1.55	—	—	7	2.64~2.70	贝壳状
黄色	软玉	淡黄—甘黄、绿黄色	油脂光泽	半透明—不透明	点测 1.62	—	—	6~6.5	2.80~3.10，常为 2.95	参差状

附表 3-2 多晶宝石的光学性质和力学性质汇总表（续）

色系	名称	光学性质					力学性质		
		颜色	光泽	透明度	折射率	发光性	特殊光学效应	硬度	相对密度	断口
褐色	蛇纹岩玉	褐色、褐黄红色、灰褐色	油脂光泽—蜡状光泽	半透明、微透明—不透明	点测 1.56 或 1.57	—	可出现猫眼效应	4.5~5.5	2.44~2.82	参差状
棕色	独山玉	棕色	玻璃光泽—油脂光泽	半透明—不透明，极少数优质品种近透明	点测 1.56 或 1.70，分别为长石和黝帘石集合体的折射率	—	—	6~6.5	2.73~3.18	参差状
绿色	独山玉	绿—蓝绿色、墨绿色	玻璃光泽—树脂光泽	半透明—不透明，极少数优质品种近透明	点测 1.56 或 1.70，分别为长石和黝帘石集合体的折射率	—	—	6~6.5	2.73~3.18	参差状
绿色	隐晶质石英岩玉（玉髓）	深绿色、葱绿色	玻璃光泽	半透明—微透明	点测 1.54~1.55	—	可出现猫眼效应	6.5~7	2.60~2.65	贝壳状
绿色	隐晶质石英岩玉（玛瑙）	绿色	玻璃光泽	半透明—微透明	点测 1.54~1.55	—	可出现晕彩效应	6.5~7	2.60~2.65	贝壳状
绿色	翡翠	黄绿色、翠绿色、蓝绿色	油脂光泽—玻璃光泽	亚透明—不透明	1.65~1.67，点测 1.66	—	—	3.30~3.36，常为 3.33	参差状
绿色	东陵石（铬云母石英岩）	浅绿—暗绿色	玻璃光泽	透明—半透明	点测 1.54~1.55	—	砂金效应	—	2.63	贝壳状
绿色	水钙铝榴石	浅绿色	玻璃光泽	透明—不透明	1.70~1.73	—	—	7.25	3.35 左右	
绿色	绿松石	绿色、灰绿色	蜡状光泽—油脂光泽	不透明	点测 1.62	在长波紫外光下有浅黄绿—蓝色荧光，短波紫外光下不明显	—	5.5~6	2.60~2.90	贝壳状—粒状
绿色	蛇纹岩玉	果绿色、浅绿色、黄绿色、灰绿色	油脂光泽—蜡状光泽	半透明、微透明—不透明	点测 1.56~1.57	—	可出现猫眼效应	4.5~5.5	2.44~2.82	参差状

附表 3-2 多晶宝石的光学性质和力学性质汇总表（续）

色系	名称	光学性质					力学性质		
		颜色	光泽	透明度	折射率	发光性	特殊光学效应	硬度	相对密度	断口
绿色	软玉	翠青色，暗绿色，深绿色或墨绿色	油脂光泽	半透明—不透明	点测 1.62	—	碧玉可有猫眼效应	6~6.5	2.80~3.10，常为 2.95	参差状
绿色	孔雀石	孔雀绿色，微蓝绿色，浅绿色，艳绿色，深绿色，墨绿色	玻璃光泽—丝绢光泽	微透明—不透明	点测 1.85	—	可出现猫眼效应	4	3.6~4.0	—
青色	软玉	深绿色带灰色或鲜绿色带黑色	油脂光泽	半透明—不透明	点测 1.62	—	—	6~6.5	2.80~3.10，常为 2.95	参差状
蓝色	绿松石	天蓝色，灰蓝色，蓝绿色	蜡状光泽—油脂光泽	不透明	点测 1.62	在长波紫外光下呈淡黄绿色—蓝色荧光，短波紫外光下荧光不明显	—	5.5~6	2.60~2.90	贝壳状—粒状
蓝色	隐晶质石英岩玉（玉髓）	鲜艳蓝色	玻璃光泽	半透明—微透明	点测 1.54~1.55	—	可出现猫眼效应	6.5~7	2.60~2.65	贝壳状
蓝色	隐晶质石英岩玉（玛瑙）	淡蓝色	玻璃光泽	半透明—微透明	点测 1.54~1.55	—	可出现晕彩效应	6.5~7	2.60~2.65	贝壳状
蓝色	石英岩玉（鹰睛石）	灰蓝—蓝绿色	成品可具丝绢光泽	微透明—不透明	点测 1.55	—	可出现猫眼效应	7	2.64~2.70	贝壳状
蓝色	青金岩	靛蓝色，天蓝色，浅蓝色，蓝紫色，深蓝色，绿蓝色	玻璃光泽—油脂光泽	不透明	点测 1.50，斜方变种为 1.504~1.540	在长波紫外光下呈橙色斑点状荧光或条纹状荧光，短波下呈粉红色荧光	—	5.5~6	2.70~2.90	不平坦状
紫色	翡翠	浅紫色，粉紫色，紫—浅紫色	油脂光泽—玻璃光泽	亚透明—不透明	1.65~1.67，点测 1.66	长波紫外光下呈浅黄—黄色荧光	—	6.5~7	3.30~3.36，常为 3.33	参差状

附表 3-2 多晶宝石的光学性质和力学性质汇总表（续）

色系	名称	颜色	光学性质					力学性质		
			光泽	透明度	折射率	发光性	特殊光学效应	硬度	相对密度	断口
紫色	独山玉	淡紫色	玻璃光泽—油脂光泽	半透明—不透明，极少数优质品种近透明	点测 1.56 或 1.70，分别为长石和黝帘石集合体的折射率	—	—	6~6.5	2.73~3.18	—
紫色	隐晶质石英岩玉（玛瑙）	深紫色、浅紫色、葡萄紫色	玻璃光泽	半透明—微透明	点测 1.54~1.55	—	可出现晕彩效应	6.5~7	2.60~2.65	贝壳状
灰白色	隐晶质石英岩玉（玛瑙）	深灰色、浅灰色或浅灰青色	玻璃光泽	半透明—微透明	点测 1.54~1.55	—	可出现晕彩效应	6.5~7	2.60~2.65	贝壳状
无色	翡翠	无色	油脂光泽—玻璃光泽	透明—亚透明	1.65~1.67，点测 1.66	—	—	6.5~7	3.30~3.36，常为 3.33	参差状
白色	翡翠	白色	油脂光泽—玻璃光泽	亚透明—不透明	1.65~1.67，点测 1.66	—	—	6.5~7	3.30~3.36，常为 3.33	参差状
白色	独山玉	乳白色	玻璃光泽—油脂光泽	半透明—微透明	点测 1.56 或 1.70，分别为长石和黝帘石集合体的折射率	—	—	6~6.5	2.73~3.18	参差状
白色	隐晶质石英岩玉（玛瑙）	乳白色、浅灰白色	玻璃光泽	半透明—微透明	点测 1.54~1.55	—	可出现晕彩效应	6.5~7	2.60~2.65	贝壳状
白色	隐晶质石英岩玉（玉髓）	灰白—灰色					可出现猫眼效应			
白色	显晶质石英岩岩	乳白—灰色	玻璃光泽	半透明—不透明	点测 1.62	长波紫外光下呈浅黄—黄色荧光	—	7	2.65	—
白色	软玉	羊脂白色、青白色	油脂光泽	半透明—不透明		—	—	6~6.5	2.80~3.10，常为 2.95	参差状
白色	水钙铝榴石	白色	玻璃光泽	透明—不透明	1.70~1.73	—	—	7.25	3.35 左右	贝壳状

附表 3-2 多晶宝石的光学性质和力学性质汇总表（续）

色系	名称	颜色	光泽	透明度	折射率	发光性	特殊光学效应	硬度	相对密度	断口
黑色	软玉	灰黑—浅黑色	油脂光泽	半透明—不透明	点测 1.62	—		6~6.5	2.66	参差状
黑色	独山玉	黑色	玻璃光泽—油脂光泽	不透明	点测 1.56 或 1.70，分别为长石和黝帘石集合体的折射率	—	—		2.73~3.18	参差状
黑色	隐晶质石英岩玉（玛瑙）	黑色，微带淡青色或淡灰色	玻璃光泽	半透明—微透明	点测 1.54~1.55	—	可出现晕彩效应	6.5~7	2.60~2.65	贝壳状
黑色	蛇纹岩玉	黑色	油脂光泽—蜡状光泽	半透明、微透明—不透明	点测 1.56~1.57	—	可出现猫眼效应	4.5~5.5	2.44~2.82	参差状
黑色	翡翠（干青种）	普通光源下为黑色，强光照射下为深墨绿色	油脂光泽—玻璃光泽	不透明	1.67~1.68	无	无	6.5~7	3.4	参差状
黑绿色	翡翠（墨翠）	深灰—灰黑色			1.65~1.67，点测 1.66				3.30~3.36，常为 3.33	
黑绿色	隐晶质石英岩玉（玉髓）	各种颜色组合	玻璃光泽	半透明—不透明	点测 1.54~1.55	—	可出现猫眼效应	6.5~7	2.60~2.65	贝壳状
杂色	石英岩玉（斑马虎睛石）	黄褐色、蓝色呈土黄色、月白色、灰白色混合蓝色或绿色	成品可具丝绢光泽			—		7	2.64~2.70	
杂色	绿松石	淡黄色、土黄色、灰白色混合蓝色或绿色	蜡状光泽—油脂光泽	不透明	点测 1.62	在长波紫外光下呈淡黄绿—蓝色荧光，短波紫外光下荧光不明显	无	5.5~6	2.60~2.90	贝壳状—粒状

附表 3-3　非晶宝石的结晶学性质、结构及内部特征等性质汇总表

色系	名称	结晶学性质	结构	内部特征	其他
橙红色、橙黄色	火欧泊	均质体，常见异常消光	非晶质体	有时可有二相和三相的气液包裹体，可含碎屑围岩	—
绿色	欧泊	均质体	非晶质体	有时可有二相和三相的气液包裹体，可含碎屑围岩	—
无色	水欧泊	均质体	非晶质体	有时可有二相和三相的气液包裹体，可含碎屑围岩	—
白色	欧泊	均质体	非晶质体	有时可有二相和三相的气液包裹体，可含碎屑围岩	—
黑色	欧泊	均质体	非晶质体	有时可有二相和三相的气液包裹体，可含碎屑围岩	—
—	欧泊猫眼	均质体	非晶质体	有时可有二相和三相的气液包裹体，可含碎屑围岩	蛇纹石假象的蛋白石
—	欧泊猫眼	均质体	非晶质体	有时可有二相和三相的气液包裹体，可含碎屑围岩	定向排列针状包裹体

附表3-4 非晶宝石的光学性质和力学性质汇总表

色系	名称	颜色	光泽	透明度	折射率	发光性	特殊光学效应	硬度	相对密度	断口
橙红色、橙黄色	火欧泊	橙红色、橙黄色	玻璃光泽—树脂光泽	透明—亚透明	1.40，可低至1.37	无—中的绿褐色荧光，可有磷光	无或少量变彩效应	5.5~6.5	2.00	贝壳状
绿色	欧泊	浓绿、暗绿色、绿黄色	玻璃光泽—树脂光泽	半透明	1.45 (+0.020, -0.080)	无—中的白色、浅蓝色、浅绿色和黄色荧光，可有磷光	变彩效应	5.5~6.5	2.15 (+0.08, -0.90)	贝壳状
无色	水欧泊	无色或带浅色调	玻璃光泽—树脂光泽	透明或近于透明	1.45 (+0.020, -0.080)	无—中的白色、浅蓝色、浅绿色和黄色荧光，可有磷光	—	5.5~6.5	2.15 (+0.08, -0.90)	贝壳状
白色	欧泊	浅灰色、浅蓝灰色	玻璃光泽—树脂光泽	半透明—亚透明	1.45 (+0.020, -0.080)	无—中的白色、浅蓝色、浅绿色和黄色荧光，可有磷光	变彩效应	5.5~6.5	2.15 (+0.08, -0.90)	贝壳状
黑色	欧泊	灰黑色、深蓝色、深褐色	玻璃光泽—树脂光泽	半透明—亚透明	1.45 (+0.020, -0.080)	无—中的白色、浅蓝色、浅绿色和黄色荧光，可有磷光	变彩效应	5.5~6.5	2.15 (+0.08, -0.90)	贝壳状
—	欧泊猫眼	黄绿—褐绿色	玻璃光泽—树脂光泽	近于不透明	1.47	无—中的白色、浅蓝色、浅绿色和黄色荧光，可有磷光	猫眼效应	5.5~6.5	2.15 (+0.08, -0.90)	贝壳状
—	欧泊猫眼	绿黄—褐黄色	玻璃光泽—树脂光泽	半透明	1.44~1.45	无—中的白色、浅蓝色、浅绿色和黄色荧光，可有磷光	猫眼效应	5.5~6.5	2.08~2.11	贝壳状